普通高等教育3D版机械类系列教材

机械设计创新实践
（3D版）

张　超　满　佳　姜小琛　任秀华　曹弘毅
陈清奎　郭梦男　姚龙元　李建勇　裘英华　编著
于曦辰　张锡科　高英豪

韩德建　主审

机械工业出版社

本书按照机械类基础系列课程的实验教学体系编写,目的是引导学生在常用机械结构认知的基础上,掌握机械设计实验的基本原理、基本技能和实验方法。编著者精心设计了一系列具有挑战性与创新性的实验项目,每个项目详细介绍了实验目的、原理、步骤及结果分析和评价方法,还提供了丰富案例、最新设计方法和发展趋势简述,引导学生深入探索创新,培养学生的创新与实践能力。

本书配有利用虚拟现实(VR)、增强现实(AR)等技术开发的 3D 虚拟仿真教学资源,方便学生学习。

本书适用于普通高等院校机械类专业的学生,也适用于各类成人教育、自学考试等机械类专业的学生,还可供从事机械设计工作的工程技术人员参考。

图书在版编目(CIP)数据

机械设计创新实践:3D 版 / 张超等编著. -- 北京:机械工业出版社,2025.9. -- (普通高等教育 3D 版机械类系列教材). -- ISBN 978-7-111-78690-0

Ⅰ.TH122

中国国家版本馆 CIP 数据核字第 2025WL8284 号

机械工业出版社(北京市百万庄大街 22 号　邮政编码 100037)
策划编辑:段晓雅　　　　　　　责任编辑:段晓雅
责任校对:贾海霞　李小宝　　　封面设计:张　静
责任印制:常天培
北京联兴盛业印刷股份有限公司印刷
2025 年 9 月第 1 版第 1 次印刷
184mm×260mm・10 印张・245 千字
标准书号:ISBN 978-7-111-78690-0
定价:34.80 元

电话服务　　　　　　　　　　网络服务
客服电话:010-88361066　　　机　工　官　网:www.cmpbook.com
　　　　　010-88379833　　　机　工　官　博:weibo.com/cmp1952
　　　　　010-68326294　　　金　　书　　网:www.golden-book.com
封底无防伪标均为盗版　　　　机工教育服务网:www.cmpedu.com

前　言

党的二十大报告提出，要"推进教育数字化，建设全民终身学习的学习型社会、学习型大国"。我们要高度重视教育数字化，以数字化推动育人方式、办学模式、管理体制以及保障机制的创新，推动教育流程再造、结构重组和文化重构，促进教育研究和实践范式变革，为促进人的全面发展、实现中国式教育现代化，进而为全面建成社会主义现代化强国、实现第二个百年奋斗目标奠定坚实基础。

本书是新形态实验教材，体现了"三维可视化及互动学习"的特点，以培养学生的机械设计创新能力和解决工程问题的实践能力。编著者精心设计了一系列具有挑战性和创新性的实验项目，每个实验项目都详细给出了实验目的、实验原理、实验步骤以及实验结果的分析与评价方法，同时提供了丰富的案例和拓展思考问题，引导学生深入探索和创新。本书配有利用虚拟现实（VR）、增强现实（AR）等技术开发的3D虚拟仿真教学资源，学生使用微信的"扫一扫"扫描书中二维码即可使用。二维码中有 图标的表示免费使用，有 图标的表示收费使用。济南科明数码技术股份有限公司还提供互联网版、局域网版、单机版的3D虚拟仿真教学资源，可供师生在线（www.keming365.com）购买使用。

本书第1、2章和附录由张超、任秀华、陈清奎编写，第3章由满佳、郭梦男编写，第4章由曹弘毅、姚龙元编写，第5章由姜小琛、高英豪编写，第6章由李建勇、于曦辰编写，第7章由裘英华、张锡科编写。本书配套的3D虚拟仿真教学资源由济南科明数码技术股份有限公司开发完成，并负责网上在线教学资源的维护、运营等工作，主要开发人员包括陈清奎、陈万顺、胡洪媛、张亚松、丁伟、张言科等。本书承蒙韩德建审阅，在此深表谢意。

希望本书能够成为学生开启机械设计创新实践之门的钥匙，帮助他们在实践中不断探索、勇于创新，最终成为具有扎实专业知识、创新能力和社会责任感的优秀机械工程专业人才。

由于编著者水平有限，书中难免存在不足之处，恳请广大读者提出宝贵意见和建议，以便我们不断完善。

编著者

目 录

前言
第1章　常用机械零件认知实验 …………… 1
　1.1　概述 ………………………………… 1
　1.2　实验目的 …………………………… 3
　1.3　实验设备 …………………………… 3
　1.4　实验方法 …………………………… 4
　1.5　实验内容及要求 …………………… 4
　1.6　注意事项 …………………………… 16
　1.7　机械零件设计和制造的发展趋势 … 16
第2章　受轴向载荷的单个螺栓连接
　　　　实验 ……………………………… 18
　2.1　概述 ………………………………… 18
　2.2　预习作业 …………………………… 20
　2.3　实验目的 …………………………… 20
　2.4　实验设备及工具 …………………… 21
　2.5　相关计算公式 ……………………… 24
　2.6　实验方法及步骤 …………………… 25
　2.7　注意事项和常见问题 ……………… 27
　2.8　工程实践 …………………………… 27
第3章　典型滑动轴承轴系结构设计及
　　　　特性分析实验 …………………… 30
　3.1　概述 ………………………………… 30
　3.2　预习作业 …………………………… 31
　3.3　实验目的 …………………………… 31
　3.4　实验设备及工作原理 ……………… 31
　3.5　实验内容 …………………………… 41
　3.6　实验方法及步骤 …………………… 41
　3.7　注意事项和常见问题 ……………… 42
　3.8　工程实践及设计方法 ……………… 42
第4章　输送机传动及减速器设计分析
　　　　实验 ……………………………… 48
　4.1　概述 ………………………………… 48
　4.2　预习作业 …………………………… 54
　4.3　实验目的 …………………………… 55
　4.4　实验设备及工具 …………………… 55
　4.5　实验内容及步骤 …………………… 57
　4.6　注意事项和常见问题 ……………… 59
　4.7　工程实践 …………………………… 59
第5章　带传动的滑动和效率测定
　　　　实验 ……………………………… 63
　5.1　概述 ………………………………… 63
　5.2　预习作业 …………………………… 66
　5.3　实验目的 …………………………… 66
　5.4　实验设备及工作原理 ……………… 67
　5.5　实验方法及步骤 …………………… 68
　5.6　注意事项和常见问题 ……………… 69
　5.7　工程实践及发展趋势 ……………… 69
第6章　轴系结构创意设计及分析
　　　　实验 ……………………………… 73
　6.1　概述 ………………………………… 73
　6.2　预习作业 …………………………… 79
　6.3　实验目的 …………………………… 79
　6.4　实验设备及工具 …………………… 80
　6.5　实验内容及步骤 …………………… 85
　6.6　注意事项 …………………………… 86
　6.7　典型轴系结构示例 ………………… 87
　6.8　工程实践 …………………………… 88
第7章　机械传动综合创新设计及
　　　　性能分析 ………………………… 92
　7.1　概述 ………………………………… 92
　7.2　机械传动方案拟定 ………………… 93
　7.3　预习作业 …………………………… 97
　7.4　实验目的 …………………………… 97
　7.5　实验设备 …………………………… 98
　7.6　机械传动装置设计题目 …………… 112
　7.7　实验方法及步骤 …………………… 113
　7.8　注意事项和常见问题 ……………… 114
　7.9　工程实践及设计方法 ……………… 114
附录 ………………………………………… 119
参考文献 …………………………………… 131
实验报告 …………………………………… 132

第 1 章

常用机械零件认知实验

1.1 概述

机械零件是构成机械的基本单元,对其进行认知是学习机械相关知识、从事机械设计与制造等工作的基础。本节从多个方面介绍机械零件的认知要点。

1.1.1 分类

(1) 通用零件 在各种不同类型的机械中都能广泛应用的零件。例如,螺栓、螺母、垫圈用于连接和固定其他零件;齿轮能实现不同转速和转矩的传递,改变运动方向;带轮与传动带配合,通过摩擦力传递运动和动力;轴是支承旋转零件、传递转矩的重要零件;键用于连接轴和轴上的零件,实现周向固定并传递转矩。

(2) 专用零件 只在特定类型的机械中使用,具有独特的功能和结构。例如,内燃机中的活塞、曲轴,它们是内燃机实现能量转换和动力输出的关键部件;汽轮机中的叶片在高温高压蒸汽的作用下旋转,将热能转化为机械能;纺织机械中的织针,其形状和尺寸根据纺织工艺的要求设计,用于编织各种织物。

1.1.2 材料选择

(1) 金属材料 钢铁材料具有较高的强度、硬度和韧性,广泛应用于制造承受较大载荷和复杂应力的零件;有色金属如铝、铜及其合金,具有密度小(铜除外)、导电性好、导热性好等特点,常用于制造要求质量轻、导电性好的零件,如飞机的铝合金结构件、电机的铜绕组等。

(2) 非金属材料 塑料具有质轻、耐腐蚀、绝缘性好、易于成型等优点,常用于制造一些对强度要求不高,但需要具备特殊性能的零件,如仪表外壳、齿轮、轴承等;橡胶具有高弹性、良好的密封性能和减振性能,广泛用于制造密封件、减振件和传动带等。

1.1.3 结构设计

(1) 形状设计 根据零件的功能要求确定其大致形状。例如,齿轮的轮齿形状和分布直接影响其传动性能;轴的形状需要考虑与其他零件的配合方式以及受力情况。

(2) 尺寸设计 通过力学计算和经验公式确定零件的关键尺寸。例如,轴的直径需要根据传递的转矩、转速以及所受的载荷等因素进行计算；齿轮的模数、齿数等参数决定了齿轮的尺寸和传动比。

（3）工艺性设计　在设计零件结构时，要考虑到制造工艺的可行性和经济性。例如，避免设计过于复杂的形状和难以加工的结构，合理设计加工余量和公差配合。

1.1.4　制造工艺

（1）铸造　将液态金属注入预先制作好的铸型型腔中，待其冷却凝固后获得所需形状和尺寸的零件毛坯。铸造适用于制造形状复杂，特别是具有复杂内腔的零件，如发动机缸体、机床床身等。

（2）锻造　通过对金属坯料施加压力，使其产生塑性变形，从而获得所需形状、尺寸和性能的零件毛坯。锻造可以改善金属的内部组织，提高零件的强度和韧性，常用于制造承受较大载荷的零件，如曲轴、连杆等。

（3）机械加工　利用机床设备和刀具对零件毛坯进行切削加工，以达到设计要求的形状、尺寸精度和表面粗糙度。常见的机械加工方法有车削、铣削、钻削、磨削等。

（4）热处理　通过对金属零件进行加热、保温和冷却等操作，改变其内部组织结构，从而改善零件的力学性能。例如，淬火可以提高零件的硬度和耐磨性；回火可以消除淬火应力，降低零件的脆性；正火可以细化晶粒，提高零件的综合力学性能。

1.1.5　精度与公差

（1）精度　指零件的实际尺寸、形状和位置等参数与设计要求的接近程度。精度越高，零件的质量和性能就越好，但制造成本也相应增加。不同的机械零件对精度的要求不同，如精密仪器中的零件要求极高的精度，而一些普通机械中的零件对精度的要求相对较低。

（2）公差　指允许零件尺寸和几何形状的变动量。合理确定公差可以保证零件的互换性，便于组织大规模生产，同时又能满足零件的使用要求。公差的大小取决于零件的功能要求、制造工艺水平和经济性等因素。

1.1.6　失效形式与预防措施

1. 失效形式

（1）磨损　零件表面在相对运动过程中，由于摩擦而导致材料逐渐损耗，使零件的尺寸、形状和表面质量发生变化。

（2）疲劳破坏　零件在交变载荷作用下，经过一定次数的循环后，会在表面或内部产生裂纹，最终导致零件断裂。

（3）变形　零件在载荷作用下，会发生弹性变形或塑性变形，当变形量超过允许值时，会影响零件的正常工作。

（4）腐蚀　零件在环境介质的作用下，会发生化学或电化学腐蚀，使零件的性能下降，甚至失效。

2. 预防措施

针对不同的失效形式，可以采取相应的预防措施。例如，为了减少磨损，可以选择合适的材料和润滑方式,提高零件的表面质量;为了防止疲劳破坏,要合理设计零件的结构,避免应力集中,控制载荷的大小和循环次数;为了防止变形,要合理选择零件的材料和尺寸,保证零件具有足够的强度和刚度;为了防止腐蚀,可以采用防腐涂层、选择耐腐蚀材料等。

通过常用机械零件认知实验,学生可以了解常用机械零件的特点及其在实际机械中的应用情况,为后续课程的学习打下坚实的基础,同时能够增强对机械零件的感性认识,弥补空间想象力和形象思维能力的不足,并加深对教学基本内容的理解,进而促进自学能力和独立思考能力的提高。此外,丰富的实物模型有助于学生扩大知识面、激发学习兴趣。

1.2 实验目的

1)了解各种通用零部件的类型、结构特点、应用、基本原理以及运动特性,对零件有一个全面的感性认识。

2)掌握各种标准件的结构形式及应用。

3)掌握各种传动形式的特点及应用。

4)了解各种常用的润滑剂及相关国家标准。

5)了解机械零件典型的失效形式,掌握机械零件的设计准则。

6)通过对机械零部件及机械结构的展示与分析,增加学生的直观认识,培养学生对机械设计课程的学习兴趣。

1.3 实验设备

机械零件陈列柜如图 1-1 所示。它由数个陈列柜组成,主要展示机器中常见的各类零件,各柜名称见表 1-1。

图 1-1 机械零件陈列柜

表 1-1 机械零件陈列柜各柜名称

柜号	名　称
第 1 柜	螺纹连接和螺旋传动（一）
第 2 柜	螺纹连接和螺旋传动（二）
第 3 柜	键连接
第 4 柜	花键连接、无键连接和销连接
第 5 柜	铆接、焊接、胶接和过盈配合连接
第 6 柜	带传动
第 7 柜	带传动的张紧装置
第 8 柜	链传动
第 9 柜	齿轮传动和蜗杆传动
第 10 柜	齿轮和蜗杆蜗轮结构
第 11 柜	滑动轴承
第 12 柜	滚动轴承
第 13 柜	滚动轴承组合设计
第 14 柜	联轴器
第 15 柜	离合器
第 16 柜	轴
第 17 柜	轴的结构设计
第 18 柜	弹簧
第 19 柜	润滑和密封
第 20 柜	机械零件的失效形式

1.4　实验方法

实验方法分为看、议、答三个步骤。

（1）看　参观机械零件陈列柜中的各种零部件，逐一仔细观察各陈列柜内容，特别要注意观察同类零件不同规格的结构差异。

（2）议　对照内容要求及思考题分组进行讨论，某些问题可请老师答疑。

（3）答　逐一回答实验报告中的思考题。

机械零件陈列柜内容是按机械设计的教材章节独立组柜的，可分柜组织实验，每一柜内容都应按上述三个步骤进行。

1.5　实验内容及要求

1.5.1　螺纹连接和螺旋传动

掌握螺纹的分类，螺纹连接的主要类型、结构特点，螺纹连接的防松种类及区别等。

螺纹连接利用螺纹零件工作，主要用于紧固零件，基本要求是保证连接强度和连接的可靠性。

1. 螺纹的分类

螺纹分为外螺纹和内螺纹，这两种螺纹共同组成螺旋副使用。起连接作用的螺纹称为连接螺纹，起传动作用的螺纹称为传动螺纹。

按照螺纹的标准，螺纹又分为米制（螺距以毫米表示）和寸制（螺距以每英寸⊖牙数表示）两种。

根据牙型不同，螺纹可分为普通螺纹、管螺纹、梯形螺纹、矩形螺纹和锯齿形螺纹等，除矩形螺纹外，均已标准化。前两种主要用于连接，后三种主要用于传动。根据螺纹的基体形状，螺纹可分为圆柱螺纹和圆锥螺纹；根据螺旋线旋向，可分为左旋螺纹和右旋螺纹；根据螺纹形成时螺旋线的条数，可分为单线螺纹、双线和多线螺纹。

机械制造中除上述的常用螺纹外，还制定有特殊用途的螺纹，以适应各行各业的特殊工作要求。

2. 螺纹连接的基本类型

常用的螺纹连接有螺栓连接、双头螺柱连接、螺钉连接、紧定螺钉连接。

（1）螺栓连接　按照连接的形式，螺栓连接可分为普通螺栓连接（图1-2a）和铰制孔螺栓连接（图1-2b）。普通螺栓连接的结构特点是被连接件上的通孔和螺栓杆件间留有间隙，故通孔的加工精度低，结构简单，装拆方便，使用时不受被连接件材料的限制，因此应用极为广泛。铰制孔螺栓连接能精确固定被连接件的相对位置，并能承受较大横向载荷，但孔的加工精度要求较高。

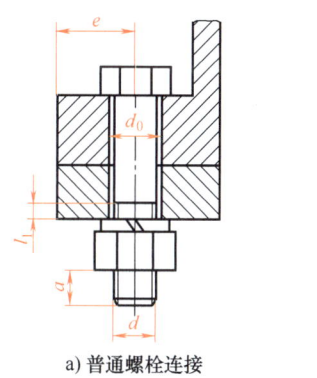
a) 普通螺栓连接

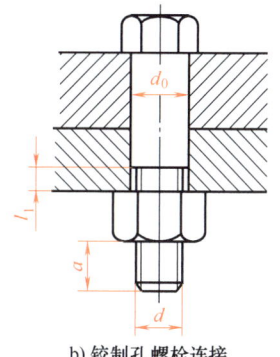
b) 铰制孔螺栓连接

图1-2　螺栓连接

（2）双头螺柱连接（图1-3）　双头螺柱连接适用于结构上不能采用螺栓连接的场合。例如，被连接件之一太厚不宜制成通孔，材料又比较软（如用铝镁合金制造的箱体），且需要经常拆装时，往往采用双头螺柱连接。

（3）螺钉连接（图1-4）　螺钉直接拧入被连接件的螺纹孔中，不用螺母，在结构上比双头螺柱连接简单、紧凑。其用途和双头螺柱连接相似，但若经常拆装，易使螺纹孔磨损，可能导致被连接件报废，故多用于受力不大，或不需要经常拆装的场合。

⊖　1in = 0.0254m。

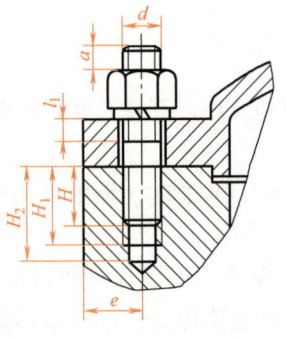

图 1-3 双头螺柱连接

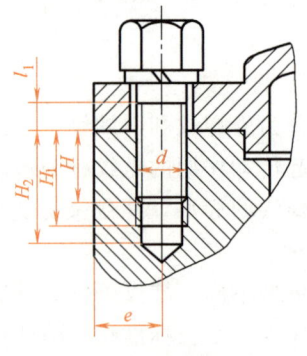

图 1-4 螺钉连接

（4）紧定螺钉连接（图 1-5） 紧定螺钉连接利用拧入零件螺纹孔中的螺钉末端顶住另一零件的表面或埋入相应的凹坑中，以固定两个零件的相对位置，并可传递不大的力或转矩。

螺钉除作为连接和紧定用外，还可用于调整零件位置，如机器、仪器的调节螺钉等。

除此之外，还有一些特殊结构连接，例如，专门用于将机座或机架固定在地基上的地脚螺栓连接、装在大型零部件的顶盖或机器外壳上便于起吊用的吊环螺钉连接、应用在设备中的 T 形槽螺栓连接等。

3. 螺纹连接的防松

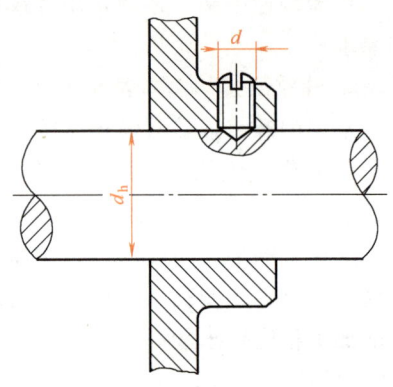

在冲击、振动或变载荷的作用下，螺旋副间的摩擦力可能减小或瞬时消失。这种现象多次重复后，就会使连接松脱。在高温或温度变化较大的情况下，螺纹连接件和被连接件的材料发生蠕变和应力松弛，也会使连接中的预紧力和摩擦力逐渐减小，最终将导致连接失效。

图 1-5 紧定螺钉连接

螺纹连接防松的根本问题在于防止螺旋副在负载时发生相对转动。防松的方法按其工作原理可分为摩擦防松、机械防松、铆冲防松等。一般来说，摩擦防松简单、方便，但没有机械防松可靠。对于重要的连接，特别是在机器内部不易检查的连接，应采用机械防松。常见的摩擦防松方法有对顶螺母、弹簧垫圈、自锁螺母、收口放松螺母等；常见的机械防松方法有开口销与六角开槽螺母、止动垫圈、串联钢丝等；常见的铆冲防松方法主要是将螺母拧紧后把螺栓末端伸出部分铆死，或利用冲头在螺栓末端与螺母的旋合缝处打冲，利用冲点防松。这种防松方法可靠，但拆卸后连接件不能重复使用。

4. 提高螺纹连接强度的措施

1）受轴向变载荷的紧螺栓连接，一般是因疲劳而破坏。为了提高疲劳强度，减小螺栓的刚度，可适当增加螺栓长度，或采用腰状杆螺栓与空心螺栓。

2）不论螺栓连接的结构如何，所受的拉力都是通过螺栓和螺母的螺纹牙相接触来传递的，由于螺栓和螺母的刚度与变形的性质不同，各圈螺纹牙上的受力也是不同的。为了改善螺纹牙上的载荷分布不均，常用悬置螺母或采用钢丝螺套来减小螺栓旋合段本来受力较大的几圈螺纹牙的受力。

3）为了提高螺纹连接强度，还应减小螺栓头和螺栓杆在过渡处所产生的应力集中，可采用较大的过渡圆角和卸载结构。在设计、制造和装配上应力求避免螺纹连接产生附加弯曲应力，以免降低螺栓强度。

4）采用合理的制造工艺方法，以提高螺栓的疲劳强度。例如，采用冷镦螺栓头部和滚压螺纹的工艺方法，或采用表面氮化、氰化、喷丸等处理工艺都是比较有效的方法。

5. 螺旋传动

螺旋传动是利用螺杆和螺母组成的螺旋副来实现传动要求的。它将回转运动转变为直线运动，同时传递运动和动力。作为传动件要求保证螺旋副的传动精度、效率和磨损寿命等，其螺纹种类有矩形螺纹、梯形螺纹、锯齿形螺纹等。按其用途可分传力螺旋、传导螺旋及调整螺旋三种；按摩擦性质不同可分为滑动螺旋（半干摩擦）、滚动螺旋（滚动摩擦）及静压螺旋等。

（1）滑动螺旋　常为半干摩擦，摩擦阻力大、传动效率低（一般为 30%～60%）；其结构简单，加工方便，易于自锁，运转平稳，但在低速时可能出现爬行。其螺纹有侧向间隙，反向时有空行程，定位精度和轴向刚度较差，要提高精度必须采用消隙机构，且磨损快。滑动螺旋用于传力或调整螺旋时，要求自锁，常采用单线螺纹；用于传导时，为了提高传动效率及直线运动速度，常采用多线螺纹。滑动螺旋主要应用于金属切削机床进给、分度机构的传导螺旋、摩擦压力机及千斤顶的传动。

（2）滚动螺旋　因螺旋中含有滚珠或滚子，在传动时摩擦阻力小、传动效率高（一般在 90%以上），起动力矩小、传动灵活、工作寿命长，但结构复杂，制造较难。滚动螺旋具有传动可逆性（可以把旋转运动变为直线运动，也可把直线运动变成旋转运动），为了避免螺旋副受载时逆转，应设置防止逆转的机构；其运转平稳，起动时无颤动，低速时不爬行；螺母与螺杆经调整预紧后，可得到很高的定位精度和重复定位精度，并可提高轴的刚度；其工作寿命长、不易发生故障，但抗冲击性能较差。滚动螺旋主要用于金属切削精密机床和数控机床、测试机械、仪表的传导螺旋和调整螺旋，起重、升降机构和汽车、拖拉机转向机构的传力螺旋，飞机、导弹、船舶、铁路等自控系统的传导和传力螺旋。

（3）静压螺旋　为了降低螺旋传动的摩擦、提高传动效率，并增强螺旋传动的刚度及抗振性能，将静压原理应用于螺旋传动中，制成静压螺旋。因为静压螺旋是液体摩擦，所以摩擦阻力小，传动效率高（可达99%），但螺母结构复杂。静压螺旋具有传动可逆性，必要时应设置防止逆转的机构；其工作稳定，无爬行现象；反向时无空行程，定位精度高，并有较高的轴向刚度，磨损小且寿命长。使用时需要一套压力稳定、温度恒定、有精滤装置的供油系统，主要用于精密机床进给、分度机构的传导螺旋。

1.5.2　键、花键及销连接

掌握键连接的类型特点及区别，熟悉各种键、花键及销连接的结构和应用场合。

1. 键连接

键是一种标准零件，通常用来实现轴与轮毂之间的周向固定以传递转矩，有的还能实现轴上零件的轴向固定或轴向滑动的导向。

键连接的主要类型包括平键连接、半圆键连接、楔键连接、切向键连接。各类键使用的场合不同，键槽的加工工艺也不同。可根据键连接的结构特点、使用要求、工作条件来选择，键的尺寸则应根据标准规格和强度要求来确定。

(1) 平键　平键的两侧面是工作面，工作时，靠键与键槽侧面的挤压来传递转矩。其特点为结构简单、装拆方便、对中性较好。这种键连接不能承受轴向力，因而对轴上的零件不能起到轴向固定作用。

(2) 半圆键　半圆键工作时，靠其侧面来传递转矩。其优点是工艺性较好，装配方便，尤其适用于锥形轴与轮毂的连接；缺点是轴上键槽较深，对轴的强度削弱较大，故一般只用于轻载连接中。

(3) 楔键　楔键分为普通型楔键和钩头型楔键，普通型楔键又可按形状分为圆头、方头、单头。楔键的上下两面是工作面，键的上表面和与它相配合的轮毂键槽底面均具有1：100的斜度。楔键工作时，靠键的楔紧作用来传递转矩，同时还可承受单向的轴向载荷。

(4) 切向键　切向键由一对斜度为1：100的楔键组成。切向键的工作面是两键沿斜面拼合后相互平行的两个窄面。工作时，靠工作面上的挤压力和轴与轮毂间的摩擦力来传递转矩。

2. 花键连接

花键连接由外花键和内花键组成，适用于定心精度要求高、载荷大或经常滑移的连接。花键连接的齿数、尺寸、配合等均按标准选取，可用于静连接或动连接。按其齿形可分为矩形花键（图1-6a）和渐开线花键（图1-6b）等，前一种由于多齿工作，具有承载能力高、对中性好、导向性好、齿根较浅、应力集中较小、轴与轮毂强度削弱小等优点，广泛应用于飞机、汽车、拖拉机、机床、农业机械传动装置中；渐开线花键连接受载时齿上有径向力，能起到定心作用，使各齿受力均匀，具有强度高、工作寿命长等特点，主要用于载荷较大、定心精度要求较高以及尺寸较大的连接。

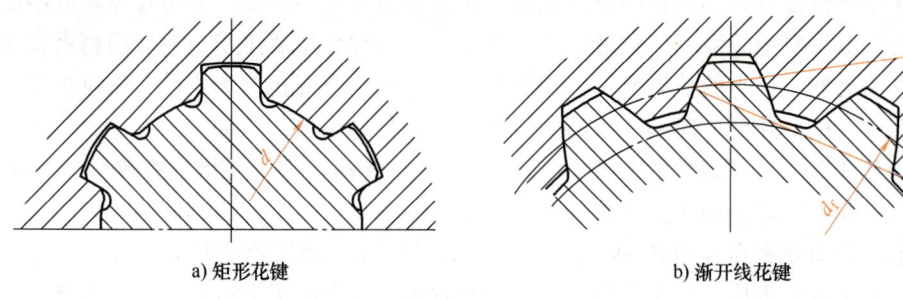

a) 矩形花键　　　　　b) 渐开线花键

图1-6　花键

由于结构形式和制造工艺的不同，与平键相比，花键在强度、工艺和使用上有如下特点。

1) 因为在轴上与毂孔上直接而匀称地制作出较多的齿与槽，故连接受力较为均匀。
2) 因槽较浅，齿根处应力集中较小，对轴与轮毂的强度削弱较小。
3) 齿数较多，总接触面积较大，因而可承受较大的载荷。
4) 轴上零件与轴的对中性好（这对高速及精密机器很重要）。
5) 导向性较好（这对动连接很重要）。
6) 可用磨削的方法提高加工精度及连接质量。
7) 缺点：齿根处仍有应力集中；有时需用专门设备加工，成本较高。

3. 销连接

销主要用来固定零件之间的相对位置时，称为定位销（图 1-7a），它是组合加工和装配时的重要辅助零件；用于轴与轮毂或其他零件的连接时，称为连接销（图 1-7b），可传递不大的载荷；用于安全装置中的过载剪断元件时，称为安全销（图 1-7c）。

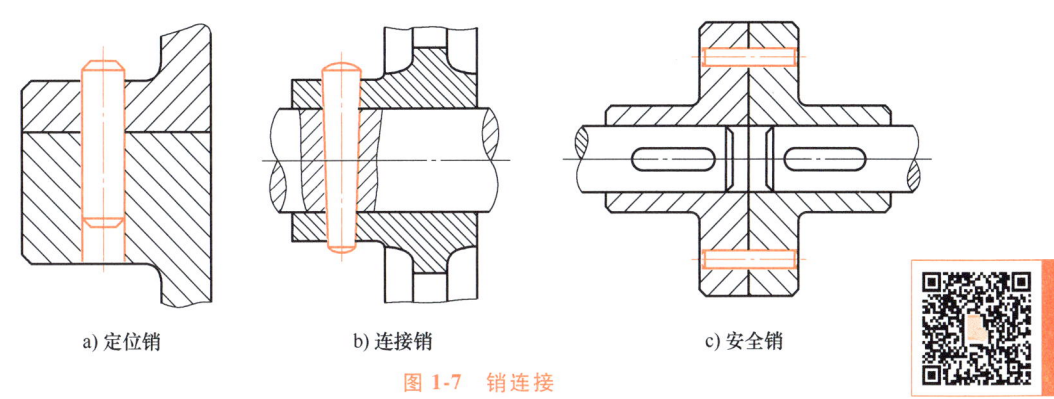

a) 定位销　　　　　b) 连接销　　　　　c) 安全销

图 1-7　销连接

销有多种类型，如圆锥销、圆柱销、槽销、开口销等，均已标准化。各种销都有其各自的特点，如圆柱销多次拆装会降低定位精度和可靠性；而圆锥销在受横向力时可以自锁，安装方便，定位精度高，多次拆装不影响定位精度等。

1.5.3　铆接、焊接、胶接和过盈配合连接

1. 铆接

铆接主要由连接件铆钉和被连接件组成，有的还有辅助连接件盖板，这些基本元件在构造物上所形成的连接部分统称为铆接缝（简称铆缝）。铆接为不可拆连接。

铆缝的结构形式很多，按接头可分为搭接缝、单盖板对接缝和双盖板对接缝。按铆钉排数可分为单排、双排和多排。

按铆缝性能的不同可分为以下几种：以强度为基本要求的铆缝为强固铆缝；不但要求具有足够的强度，而且要求保证良好紧密性的铆缝为强密铆缝；仅以紧密性为要求的铆缝为紧密铆缝。铆接具有工艺设备简单、抗振、耐冲击和牢固可靠等优点。

2. 焊接

焊接的方法很多，机械制造中常用的是熔融焊。熔融焊可分为电焊、气焊和电渣焊等，其中尤以电焊应用最广，电焊分为以下两种。

（1）电阻焊　电阻焊是利用大的低压电流通过被焊件时，在电阻最大的接头处（被焊接部位）引起强烈发热，使金属局部熔化，同时机械加压而形成连接。

（2）电弧焊　电弧焊是利用电焊机的低压电流，通过电焊条（为一个电极）与被焊件（为另一电极）间形成的电路，在两极间引起电弧来熔融被焊接部分的金属和焊条，使熔融的金属混合并填充接缝而形成连接。

焊件经焊接后形成的结合部分称为焊缝。焊缝大体可分为对接焊缝、角焊缝和塞焊缝，除了受力较小和避免增大质量时采用塞焊缝外，其他焊缝多为对接焊缝和角焊缝。对接焊缝用于连接位于同一平面内的被焊件，角焊缝用于连接不同平面内的被焊件。

与铆接相比，焊接具有强度高、工艺简单、质量小、工人劳动条件好等优点。

3. 胶接

胶接是利用胶黏剂在一定条件下把预制的元件连接在一起，并使其具有一定的连接强度。胶接接头的典型结构主要有板接、管接和角接。目前，胶接在机床、汽车、拖拉机、造船、化工、仪表、航空、宇航等工业部门得到广泛应用。

与铆接、焊接相比，胶接的优点：①质量较小（一般可小 20% 左右），材料利用率较高；②不会使胶缝附近母体材料的金相组织改变，冷却时也不会产生翘曲和变形；③不需钻孔，且为面与面的胶粘连接，因而应力分布均匀，故耐疲劳、耐蠕变性能较好；④能使异形、复杂、微小或薄壁构件以及金属与非金属构件相互连接，应用范围较广；⑤所需设备简单，操作方便，无噪声，劳动条件好，劳动生产率高，成本低；⑥密封性比铆接可靠；⑦工作温度在有特殊要求时可达 $-200 \sim +1000$℃（一般可为 $-60 \sim +400$℃）；⑧能满足防锈、绝缘、透明等特殊要求。胶接的缺点：①工作温度过高时，胶接强度将随温度的增高而显著下降；②抗剥落、抗弯曲及抗冲击振动性能差；③耐老化、耐介质性能较差，且不稳定；④有的胶黏剂所需的胶接工艺较为复杂；⑤胶接件的缺陷有时不易发现，目前尚无完善可靠的无损检验方法。

4. 过盈配合连接

过盈配合连接是利用零件间的过盈配合来达到连接的目的。这种连接也称作干涉配合连接或紧配合连接。过盈配合连接常分为无辅助件连接和有辅助件连接两种。

1.5.4　带传动

掌握带的类型、V 带结构及带轮结构；了解带传动的形式，掌握带传动的张紧原理和张紧方法。

带被张紧（预紧力）压在两个带轮上，主动轮通过摩擦带动带以后，再通过摩擦带动从动带轮转动。带传动具有传动中心距大、结构简单、超载打滑（减速）等特点。常见的带传动类型有平带传动、V 带传动、多楔带传动及同步带传动等。

（1）平带传动　结构最简单，带轮容易制造，在传动中心距较大的情况下应用较多。

（2）V 带传动　V 形带是一种整圈、无接缝、质量均匀的传动带，在同样张紧力下，V 带传动与平带传动相比能产生较大的摩擦力，又因其传动比较大、结构紧凑，且标准化生产，故应用广泛。

（3）多楔带传动　兼有平带和 V 带传动的优点，柔性好、摩擦力大、传递功率大，且能解决因多根 V 形带长短不一使各带受力不均匀的问题。多楔带传动主要用于传递功率较大且结构要求紧凑的场合，传动比可达 10，带速可达 40m/s。

（4）同步带传动　沿带的纵向制有很多齿，带轮轮面也制有相应齿。同步带传动工作时，带的凸齿与带轮外缘上的齿槽进行啮合传动。由于强力层承载后变形小，能保持同步带的周节不变，故带与带轮间没有相对滑动，从而保持了同步传动。同步带传动的优点：①无滑动，能保证固定的传动比；②初拉力较小，轴和轴承上所受的载荷小；③带的厚度小，单位长度的质量小，故允许的线速度较高；④带的柔性好，故所用带轮的直径可以较小。

1.5.5　链传动

掌握链传动的种类及传动链的形式，了解各种链传动的特点、应用场合及链轮的结构。

链传动是指由主动链轮带动链以后，又通过链带动从动链轮的一种传动形式，属于带有中间挠性件的啮合传动。与属于摩擦传动的带传动相比，链传动的主要优点有：①链传动无弹性滑动和打滑现象，因而能保持平均传动比为常数；②链条不需要张紧，所以作用于轴上的径向压力较小；③在同样的使用条件下，链传动的结构较为紧凑，同时链传动能在高温及速度较低的情况下工作，与齿轮传动相比，链传动较易安装，成本低廉；④在远距离传动（中心距离最大可达十多米）时，其结构要比齿轮传动轻便得多。

按用途不同可将链传动分为传动链传动、输送链传动和起重链传动。输送链和起重链主要用在运输和起重机械中，而在一般机械传动中，常用的是传动链。

1）传动链有短节距精密滚子链（简称滚子链）、齿形链等。在滚子链中为使传动平稳，结构紧凑，宜选用小节距单排链，当速度高、功率大时则选用小节距多排链。齿形链又称无声链，它是由一级带有两个齿的链板左右交错并列铰接而成。齿形链设有导板，以防止链条在工作时发生侧向窜动。与滚子链相比，齿形链具有传动平稳、无噪声、承受冲击性能好、工作可靠等特点。

2）链轮是链传动的主要零件，链轮齿形已标准化，链轮设计主要是确定其结构尺寸，选择材料、热处理方法等。

1.5.6 齿轮传动和蜗杆传动

掌握齿轮机构的分类及齿轮传动的类型，了解齿轮主要参数的名称、轮齿的失效形式，掌握齿轮传动的受力分析；了解蜗杆传动的类型、结构及应用。

1. 齿轮传动

齿轮传动是机械传动中最重要的传动之一，形式多、应用广泛。其主要特点是效率高、结构紧凑、工作可靠、传动比稳定等，可做成开式、半开式、封闭式传动。失效形式主要有轮齿折断、齿面点蚀、齿面磨损、齿面胶合、塑性变形等。

按照齿轮传动轴的相对位置将其分为三类。

（1）平行轴圆柱齿轮传动　这种圆柱齿轮传动又分为直齿圆柱齿轮传动和斜齿圆柱齿轮传动两种。直齿圆柱齿轮传动按照啮合方式又分为外啮合齿轮传动、内啮合齿轮传动和齿轮齿条传动等类型。

（2）交错轴齿轮传动　这种齿轮传动又分为交错轴斜齿圆柱齿轮传动、蜗杆与蜗轮传动和准双曲面锥齿轮传动。

（3）相交轴齿轮传动　这种齿轮传动又分为直齿锥齿轮传动、斜齿锥齿轮传动和弧齿锥齿轮传动。

2. 蜗杆传动

蜗杆传动是用来传递空间互相垂直而不相交的两交错轴间运动和动力的传动机构，两轴线交错的夹角可为任意角，常用的为90°。蜗杆传动具有以下特点。

1）当使用单头蜗杆（相当于单线螺纹）时，蜗杆旋转一周，蜗轮只转过一个齿距，因此能实现大传动比传动。在动力传动中，一般传动比为5~80；在分度机构或手动机构的传动中，传动比可达300；若只传递运动，传动比可达1000。

2）由于传动比大，零件数目又少，因而结构很紧凑。

3）在传动中，蜗杆齿是连续不断的螺旋齿，与蜗轮啮合是逐渐进入与逐渐退出，故冲击载荷小，传动平衡，噪声低。

4）当蜗杆的螺纹升角小于啮合面的当量摩擦角时，蜗杆传动便具有自锁性。

5）蜗杆传动与螺旋传动相似，在啮合处有相对滑动，当速度很大、工作条件不够良好时会产生严重摩擦与磨损，引起发热，摩擦损失较大，效率低。

根据蜗杆的形状不同，蜗杆传动可分为圆柱蜗杆传动、环面蜗杆传动及锥面蜗杆传动。

（1）圆柱蜗杆传动（图1-8a） 圆柱蜗杆传动可分为普通圆柱蜗杆传动和圆弧齿圆柱蜗杆传动。

（2）环面蜗杆传动（图1-8b） 环面蜗杆传动的特征是所用蜗杆切制的螺纹外形是以凹圆弧为母线所形成的螺旋曲面。

（3）锥面蜗杆传动（图1-8c） 锥面蜗杆传动中的蜗杆是由在节锥上分布的等导程的螺旋所形成。而蜗轮在外观上就像一个曲线齿锥齿轮，它是由与锥面蜗杆相似的锥滚刀在普通滚齿机上加工而成的，故称为锥蜗轮。

a）圆柱蜗杆传动　　b）环面蜗杆传动　　c）锥面蜗杆传动

图1-8　蜗杆传动

1.5.7　滑动轴承

掌握滑动轴承的类型、特点、应用场合及滑动轴承的润滑与密封。

1. 分类

根据轴承中摩擦性质的不同，可把轴承分为滑动摩擦轴承（简称滑动轴承）和滚动摩擦轴承（简称滚动轴承）两大类。按其所能承受的载荷方向的不同又可分为向心轴承（承受径向载荷）、推力轴承（承受轴向载荷）和向心推力轴承（同时承受径向和轴向载荷）等。

滑动轴承按润滑表面状态不同可分为液体润滑轴承、不完全液体润滑轴承和无润滑轴承（指工作时不加润滑剂）；根据液体润滑承载机理不同又可分为液体动压润滑轴承（简称液体动压轴承）和液体静压润滑轴承（简称液体静压轴承）。

2. 轴瓦

轴瓦材料除应满足摩擦系数小和磨损少的要求外，还应满足以下要求：①抗黏着性；②容纳异物的能力；③抗疲劳性；④强度高；⑤经济性及来源广。

常用的轴瓦材料可分为：①金属材料，包括铸铁、轴承合金（通称巴氏合金或白合金）、铜合金（铸造铅青铜、铸造锡锌铅青铜、铸造锡磷青铜、铸造铝青铜等）、铝合金、陶质金属等；②非金属材料，包括石墨、橡胶、尼龙等。

1.5.8 滚动轴承

掌握滚动轴承的组成、类型代号及组合结构设计，了解滚动轴承的润滑与密封。

滚动轴承是依靠主要元件间的滚动来支承传动零件的。与滑动轴承相比，滚动轴承具有摩擦阻力小、功率消耗少、起动容易等优点，因此在一般机器中应用较广。

滚动轴承主要由内圈、外圈、滚动体和保持架四部分组成（图1-9）。

常用的滚动体有：①球；②短圆柱滚子；③长圆柱滚子；④空心螺旋滚子；⑤圆锥滚子；⑥鼓形滚子；⑦滚针等。

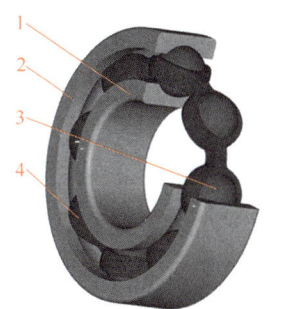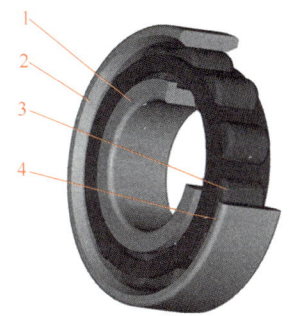

图 1-9 滚动轴承的结构

1—内圈　2—外圈　3—滚动体　4—保持架

1.5.9 联轴器和离合器

掌握联轴器和离合器的作用、分类、特点及应用场合。

联轴器和离合器是用来连接轴与轴以传递运动与转矩，有时也可用作安全保护的装置。

1. 联轴器和离合器的分类

（1）根据工作特性分类

1）联轴器。联轴器是用来把两轴连接在一起的一种装置。机器运转时两轴不能分离，只有在机器停车并将连接拆开后，两轴才能分离。

2）离合器。离合器是在机器的运转过程中，可使两轴随时接合或分离的一种装置。它可用来操纵机器传动系统的断开和接合，以便进行变速及换向等。

3）安全联轴器和安全离合器。这两种装置在工作时，如果转矩超过规定值，联轴器及离合器即可自行断开或打滑，以保证机器中的主要零件不致因为过载而损坏。

4）特殊功用的联轴器和离合器。这两种装置用于某些有特殊要求的地方，如在一定的回转方向或达到一定的转速时，联轴器或离合器即可自动接合或分离等。

（2）根据联轴器的内部结构分类　联轴器根据内部是否包含弹性元件可分为下面两种。

1）刚性联轴器。刚性联轴器又分为固定式和可移动式两种。可移动式刚性联轴器对两轴间的偏移量具有一定的补偿能力。

2）弹性联轴器。弹性联轴器因有弹性元件，故可缓冲、减振，也可在不同程度上补偿两轴间的偏移。

2. 离合器

离合器的工作要求：①接合、分离迅速而平稳；②调节和修理方便，外廓尺寸小，质量小；③耐磨性好和有足够的散热能力；④操纵方便省力。

常用的离合器可分为牙嵌式与摩擦式两类。

1.5.10 轴

熟悉轴的类型及结构设计，掌握轴上零件的固定方式。

轴是组成机器的主要零件之一，一切做回转运动的传动零件（如齿轮、蜗轮等）都必须安装在轴上才能进行运动及动力的传递。轴的主要功能是支承回转零件并传递运动和动力。

1. 分类

1）按承受载荷的不同，轴可分为心轴、转轴和传动轴三类。

① 心轴：只承受弯矩而不承受转矩的轴。

② 转轴：既承受弯矩又承受转矩的轴。

③ 传动轴：主要或只能承受转矩的轴。

2）按轴线的形状不同，轴可分为曲轴和直轴两大类。直轴根据外形不同又可分为光轴和阶梯轴。

① 光轴。光轴形状简单，加工容易，应力集中源少，但它的主要缺点是轴上的零件不易装配、定位，所以光轴主要用于心轴和传动轴。

② 阶梯轴。阶梯轴正好与光轴相反，常用于转轴。

2. 轴的结构设计

在进行轴的结构设计时主要考虑如下因素。

1）轴在机器中的安装位置及形式。

2）轴上零件的类型、尺寸、数量以及在轴上的固定（周向、轴向）方式。

3）载荷的性质、大小、方向以及分布情况。

4）轴的加工工艺等。

设计时轴的结构应满足下列要求。

1）轴上零件应该能够准确地定位或完成要求的工作。

2）轴要有准确的工作位置。

3）轴上的零件应便于装拆和调整。

4）轴应具有良好的制造工艺性等。

轴上零件的固定，主要是轴向和周向固定。轴向固定可采用轴肩、轴环、套筒、挡圈、圆锥面、圆螺母、轴端挡圈、轴端挡板、弹簧挡圈、紧定螺钉等方式；周向固定可采用平键、楔键、切向键、花键、圆柱销、圆锥销、过盈配合等方式。

3. 轴的失效

轴的失效形式主要是疲劳断裂和磨损。防止失效的措施：从结构设计上，力求降低应力集中（如减小直径差、加大过渡圆半径等）；提高轴的表面品质，包括降低轴的表面粗糙度值、对轴进行热处理或表面强化等。

1.5.11 弹簧

弹簧是一种弹性元件，它具有随外载荷的大小多次重复做相应的弹性变形，卸载后又能立即恢复原状的特性。弹簧在各类机械中应用十分广泛。

弹簧的种类比较多，按承受的载荷不同可分为拉伸弹簧、压缩弹簧、扭转弹簧和弯曲弹簧四种；按形状不同又可分为螺旋弹簧、环形弹簧、碟形弹簧、板簧、平面涡卷弹簧等。

弹簧有如下功用：减振和缓冲；测量力的大小；存储及输出能量；控制机构的运动等。

1.5.12 润滑及密封

1. 润滑

了解润滑方法与润滑装置，了解相关的国家标准。

润滑剂不仅可以降低摩擦阻力、减轻磨损、保护零件、减少锈蚀，而且在采用循环润滑时还能实现散热降温。由于液体的不可压缩性，润滑油膜还具有缓冲、吸振的能力。使用膏状润滑脂，既可防止内部润滑剂外泄，又可阻止外部杂质侵入，避免加剧零件的磨损，起到密封作用。

根据工作条件不同，工程中所用的润滑剂可分为气体、液体、半固体和固体四种基本类型。在液体润滑剂中应用最广泛的是润滑油，包括矿物油、动植物油、合成油和各种乳剂；半固体润滑剂主要是指各种润滑脂，它是润滑油和稠化剂的稳定混合物；固体润滑剂是指任何可以形成固体膜以减少摩擦阻力的物质，如石墨、二硫化钼、聚四氟乙烯等；任何气体都可作为气体润滑剂，其中用得最多的是空气，主要用在气体轴承中。

根据摩擦面间油膜形成的原理，可把液体润滑分为：①液体动压润滑（利用摩擦面间的相对运动而自动形成承载油膜的润滑）；②液体静压润滑（从外部将加压的油送入摩擦面间，强迫形成承载油膜的润滑）。

（1）润滑油　用作润滑剂的油类可概括为三类：

1）有机油，通常是动、植物油。

2）矿物油，主要是石油产品。

3）化学合成油。

从润滑的观点，主要是从以下几个指标来评判润滑油的优劣：①黏度；②油性与极压性；③氧化稳定性；④闪点；⑤凝固点等。

（2）润滑脂　润滑脂有以下几类。

1）钙基润滑脂。

2）钠基润滑脂。

3）锂基润滑脂。

4）铝基润滑脂等。

润滑脂的主要质量指标：①针入度（或稠度）；②滴点；③润滑脂的添加剂，如分散净化剂、抗氧化剂、油性添加剂、极压与抗磨添加剂、降凝剂、增黏剂等。

2. 密封

熟悉各类密封零件及其应用场合。

机器在运转过程中，特别是在气动、液压传动中，需润滑剂，气、油润滑，冷却、传力保压等工作措施，因此在零件的接合面、轴的伸出端等处容易产生油、脂、水、气等的渗漏。为了防止这些渗漏，常需采用一些密封措施。密封方法和类型很多，如填料密封、机械密封、O形圈密封、迷宫式密封、离心密封、螺旋密封等。这些密封方法广泛应用在泵、水轮机、阀、压气机、轴承、活塞等部件的密封中。

1.5.13 机械零件的失效形式

1. 整体断裂

零件在受拉、压、弯、剪、扭等外载荷作用时，由于某一危险断面上产生的应力超过零件的强度极限而发生的断裂，或者零件在受变应力作用时，危险断面上发生的疲劳断裂均属整体断裂。

2. 过大的残余变形

如果作用于零件上的应力超过了材料的屈服极限，则零件将产生残余变形。

3. 零件的表面破坏

零件的表面破坏主要是腐蚀、磨损和接触疲劳。腐蚀是发生在金属表面的一种电化学或化学侵蚀现象，腐蚀的结果是使金属表面产生锈蚀，从而使零件表面遭到破坏。磨损是两个接触表面在做相对运动的过程中发生物质丧失或转移的现象，磨损会影响机器的效率，降低工作的可靠性，甚至使机器提前报废。接触疲劳是指受到接触变应力长期作用的表面产生裂纹或微粒剥落的现象。

4. 胶合

互相接触的两机件间压力过大，导致瞬时温度过高时，相接触的两表面就会发生粘在一起的现象，同时两接触表面又做相对滑动，粘住的地方即被撕破，于是在接触面上沿相对滑动的方向形成伤痕，即为胶合。

5. 破坏正常工作条件引起的失效

有些零件只有在一定的工作条件下才能正常工作。例如，液体摩擦的滑动轴承，只有在存在完整的润滑油膜时才能正常地工作；带传动和摩擦轮传动，只有在传递的有效圆周力小于临界摩擦力时才能正常地工作；高速转动的零件，只有其转速与转动件系统的固有频率具有一个适当的间隔时才能正常地工作等。如果破坏了这些必备的条件，则将发生不同类型的失效。

1.6 注意事项

1）不要用手人为地拨动零部件。
2）不要随意按动控制面板上的按钮。
3）遵守实验室规则，规范操作，注意安全。

1.7 机械零件设计和制造的发展趋势

1.7.1 设计方面

（1）智能化与自动化　人工智能和机器学习技术将被广泛应用于机械零件设计。通过对大量设计数据的学习和分析，智能系统能够自动生成初步设计方案，为设计师提供参考和灵感，可大大提高设计效率和准确性。同时，设计软件将具备更强大的自动化功能，如自动进行参数优化、公差分析、装配干涉检查等，减少人工操作和错误。

（2）数字化与虚拟设计　随着数字孪生技术的发展，机械零件的设计将更加数字化和虚拟化。设计师可以在虚拟环境中创建零件的数字模型，并进行各种性能测试和模拟分析，如强度分析、流体力学分析、热分析等，提前发现设计缺陷并进行优化。此外，虚拟现实（VR）和增强现实（AR）技术将为设计评审和沟通提供更加直观和便捷的方式，不同地区的团队成员可以在虚拟空间中共同查看和修改设计方案。

（3）个性化与定制化　市场对个性化产品的需求日益增长，机械零件设计也将朝着个性化和定制化的方向发展。借助先进的设计软件和制造技术，企业可以快速响应客户的个性化需求，设计和制造出具有独特功能和外观的零件。例如，通过拓扑优化等方法，可以根据具体的使用要求和工况，设计出轻量化、高性能的定制化零件。

（4）绿色设计　在环保意识不断提高的背景下，绿色设计将成为机械零件设计的重要原则。设计师将更加注重选择环保材料，减少材料的使用量和浪费，同时考虑零件的可回收性和可再利用性。此外，通过优化零件的结构和工艺，降低零件在制造、使用和报废过程中的能源消耗和环境污染。

1.7.2　制造方面

（1）增材制造技术的普及　3D 打印等增材制造技术将在机械零件制造中得到更广泛的应用。增材制造技术可以直接根据数字模型制造出复杂形状的零件，无需传统的模具和刀具，大大缩短了产品的研发周期和生产成本。同时，它还可以实现零件的轻量化设计和功能集成，提高零件的性能和可靠性。除了 3D 打印，其他增材制造技术，如激光选区熔化、电子束熔化等也将不断发展和完善。

（2）高精度与超精密加工　随着航空航天、电子信息、医疗器械等领域对零件精度要求的不断提高，高精度和超精密加工技术将成为机械零件制造的重要发展方向。例如，采用高精度的数控机床、磨床、抛光机等设备，结合先进的加工工艺和测量技术，可以实现亚微米甚至纳米级的加工精度，制造出具有极高表面质量和尺寸精度的零件。

（3）智能制造与工业物联网　智能制造将成为机械零件制造的核心模式。通过将工业物联网、大数据、云计算等技术应用于制造过程，可实现设备之间的互联互通和协同工作，提高生产效率和质量稳定性。同时，基于大数据的分析和预测，可以对生产过程进行实时监控和优化，提前发现潜在的故障和质量问题，并及时采取措施进行处理。

（4）多学科融合制造　机械零件制造将与材料科学、电子技术、光学技术、生物医学等多学科进行深度融合。例如，在制造过程中采用新型材料和复合材料，以提高零件的性能和功能；将电子元件和传感器集成到机械零件中，实现零件的智能化和自动化；利用光学技术进行高精度测量和加工等。

（5）微型化与纳米制造　随着微机电系统（MEMS）和纳机电系统（NEMS）技术的发展，机械零件制造将向微型化和纳米制造的方向迈进。尺寸更小、精度更高、功能更复杂的微型和纳米机械零件，如微型传感器、微型电动机、纳米齿轮等，将在生物医学、航空航天、信息技术等领域发挥重要作用。

第 2 章

受轴向载荷的单个螺栓连接实验

2.1 概述

螺栓连接是机器中广泛采用的一种重要的连接形式,常为可拆卸连接。在受预紧力和轴向工作载荷的螺栓连接中,常见的应用实例是流体传动中液压缸的法兰盘连接、汽车发动机中气缸盖与气缸体的连接(图 2-1)等。

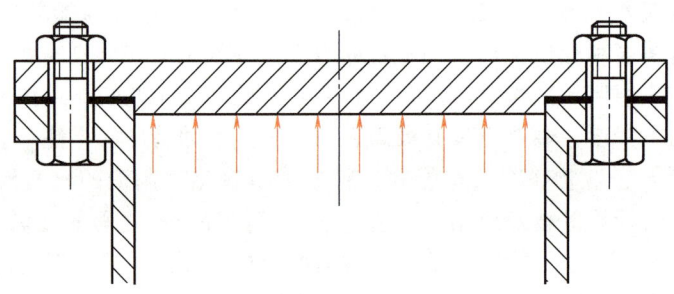

图 2-1 气缸盖与气缸体的连接

可以通过哪些措施来提高螺栓的疲劳寿命呢?在机械设计课程中介绍了三种措施:①提高被连接件的刚度;②减小螺栓的刚度;③增大螺栓连接的预紧力。也可以同时采用上述三种措施。在预紧力给定的条件下,措施①、②将导致螺栓连接残余预紧力的减小,这对有密封要求的连接是必须要考虑的;措施③会引起螺栓静强度的减弱。上述结论是否正确?下面通过本实验来观察、分析螺栓的连接特性。

承受预紧力和工作拉力的螺栓连接是最常见的一种连接形式。这种螺栓连接承受轴向拉伸工作载荷后,由于螺栓和被连接件的弹性变形,螺栓所受的总拉力并不等于预紧力和工作拉力之和。根据理论分析,螺栓的总拉力除了与预紧力 F_0 和工作拉力 F 有关外,还受到螺栓刚度 C_b 和被连接件刚度 C_m 等因素的影响。当应变在弹性范围之内时,各零件的受力可根据静力平衡关系和变形协调条件求出。图 2-2 所示为单个螺栓连接在承受轴向拉伸载荷前后的受力及变形情况。

图 2-2a 所示为螺母刚好拧到与被连接件相接触,但尚未拧紧的理想状态。此时,螺栓和被连接件均未受力,因此无变形发生。

图 2-2b 所示为螺母已拧紧,但尚未承受工作载荷。此时,螺栓受预紧力 F_0 的拉伸作

用，其伸长量为 λ_b；而被连接件则在力 F_0 的作用下被压缩，其压缩量为 λ_m。

图 2-2c 所示为连接承受工作载荷时的情况。此时若螺栓和被连接件的材料在弹性变形范围内，则两者的受力与变形关系符合拉（压）胡克定律。当螺栓承受工作载荷后，因其所受的拉力由 F_0 增大至 F_2 而继续伸长，其伸长量增加 $\Delta\lambda$，总伸长量为 $\lambda_b+\Delta\lambda$。与此同时，原来被压缩的被连接件则因螺栓伸长而被放松，其压缩量也随着减小。根据连接的变形协调条件，被连接件压缩变形的缩小量应等于螺栓拉伸变形的增加量 $\Delta\lambda$。因而，总压缩量为 $\lambda'_m = \lambda_m - \Delta\lambda$。而被连接件的压力由 F_0 减少至 F_1（残余预紧力）。

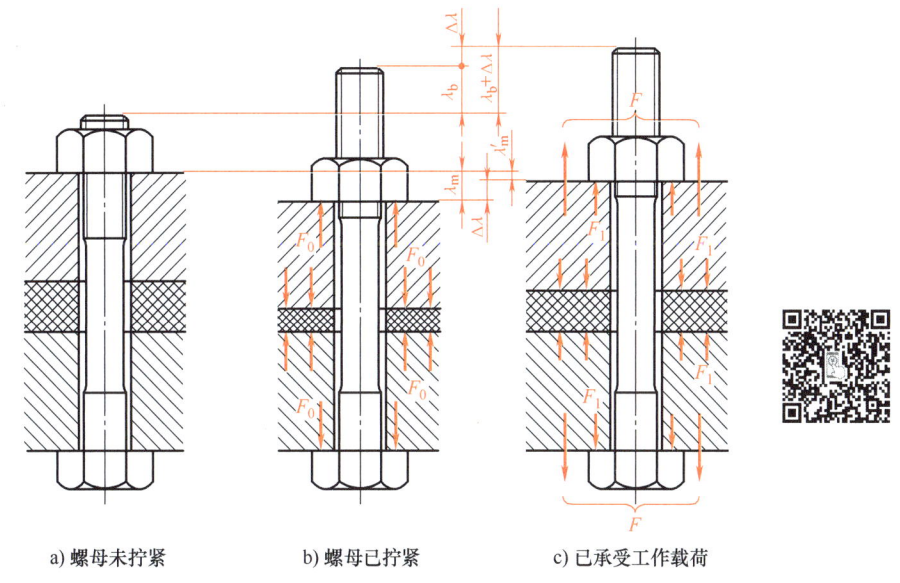

a) 螺母未拧紧　　b) 螺母已拧紧　　c) 已承受工作载荷

图 2-2　螺栓和被连接件受力变形图

显然，连接受载后，由于预紧力的变化，螺栓的总拉力 F_2 并不等于预紧力 F_0 与工作拉力 F 之和，而等于残余预紧力 F_1（为保证连接的紧密性，应使 $F_1>0$）与工作拉力 F 之和，即

$$F_2 = F_1 + F$$

上述螺栓和被连接件的受力与变形关系还可以用线图表示（图 2-3），图中纵坐标代表力，横坐标代表变形。螺栓拉伸变形由坐标原点 O_b 向右量起；被连接件压缩变形由坐标原点 O_m 向左量起。图 2-3a 和图 2-3b 分别表示螺栓和被连接件的受力与变形的关系。由图可

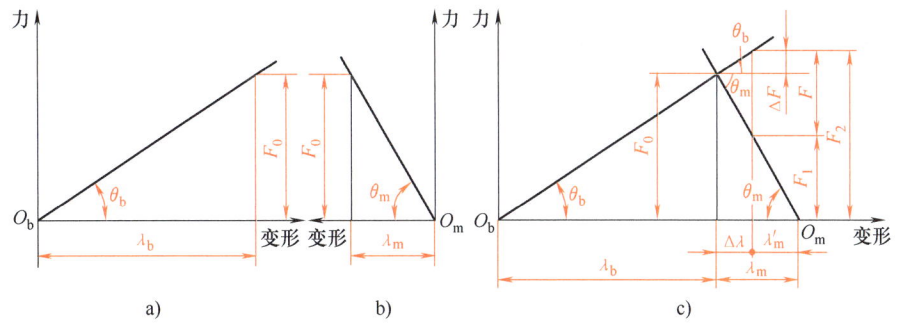

图 2-3　单个紧螺栓连接受力变形线图

见，在连接尚未承受工作拉力 F 时，螺栓的拉力和被连接件的压缩力都等于预紧力 F_0。因此，为分析上方便，将图 2-3a 和图 2-3b 合并成图 2-3c。

由图 2-3 可得螺栓和被连接件的刚度 C_b、C_m 分别为

$$C_b = \tan\theta_b = \frac{F_0}{\lambda_b}$$

$$C_m = \tan\theta_m = \frac{F_0}{\lambda_m}$$

再由图 2-3c 中的几何关系得 $\Delta F = \dfrac{C_b}{C_b + C_m} F$，则

$$F_2 = F_0 + \frac{C_b}{C_b + C_m} F$$

其中，$\dfrac{C_b}{C_b + C_m}$ 称为螺栓的相对刚度，其大小与螺栓和被连接件的结构尺寸、材料以及垫片、工作载荷的作用位置等因素有关，可通过实验或计算求出，其值在 0~1 之间变动。当被连接件为钢制零件时，一般可根据垫片材料不同推荐采用如下数据。金属垫片（或无垫片）：0.2~0.3；皮革垫片：0.7；铜皮石棉垫片：0.8；橡胶垫片：0.9。为降低螺栓的受力，提高螺栓的承载能力，在保持预紧力不变的条件下，应使 $\dfrac{C_b}{C_b + C_m}$ 值尽量小些，减小螺栓刚度 C_b 或增大被连接件刚度 C_m 都可以达到减小总拉力 F_2 变化范围的目的。因此，在实际承受动载荷的紧螺栓连接中，宜采用柔性螺栓（减小 C_b）和在被连接件之间使用硬垫片（增大 C_m）。

2.2 预习作业

1) 当螺栓承受变动外载荷时，为什么粗螺栓的疲劳寿命比细长螺栓的疲劳寿命短？
2) 为什么要控制预紧力？用什么方法控制预紧力？
3) 连接螺栓的刚度大些好还是小些好？为什么？
4) 静载荷与变载荷作用下螺栓连接的失效形式有何不同？失效部位通常发生在何处？
5) 画出螺栓连接的结构图并标注相关尺寸。

2.3 实验目的

1) 了解螺栓连接在拧紧过程中各部分的受力情况。
2) 计算螺栓相对刚度，并绘制螺栓连接的受力变形图。
3) 验证受轴向工作载荷时，预紧螺栓连接的变形规律及其对螺栓总拉力的影响。
4) 通过螺栓的动载实验，改变螺栓连接的相对刚度，观察螺栓动应力幅值的变化，以验证提高螺栓连接疲劳强度的各项措施。
5) 掌握用应变法测量螺栓受力的实验技能。

2.4 实验设备及工具

本实验可使用两种实验台：LZS-A 型螺栓连接实验台和 LSCS01 螺栓结构设计及动静态性能连续测试实验台。

2.4.1 LZS-A 型螺栓连接实验台

LZS-A 型螺栓连接实验台由螺栓动静态连接实验台、CQDJT-16A 多功能动/静态应变仪和计算机软件等组成。

1. 螺栓动静态连接实验台

螺栓动静态连接实验台结构如图 2-4 所示。

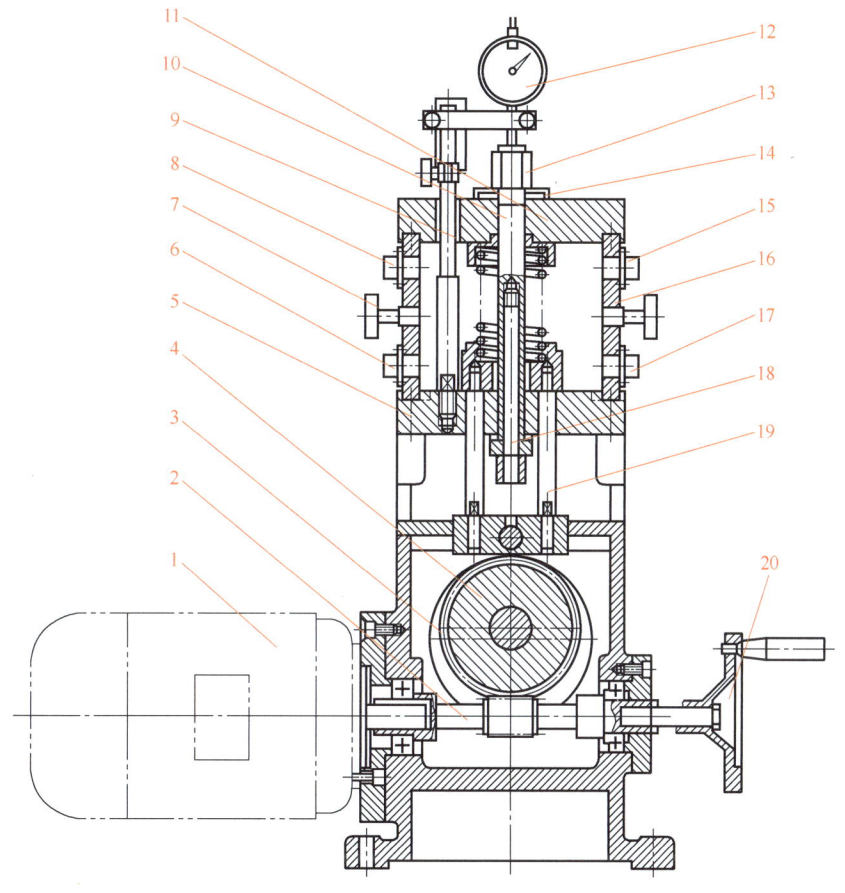

图 2-4　螺栓动静态连接实验台结构

1—电动机　2—蜗杆　3—凸轮　4—蜗轮　5—下板　6—扭力插座　7—锥塞　8—拉力插座
9—弹簧　10—M16 空心螺栓　11—上板　12—千分表　13—螺母　14—组合垫片
15—八角环压力插座　16—八角环　17—挺杆压力插座　18—M8 螺杆　19—挺杆　20—手轮

（1）连接部分　由 M16 空心螺栓 10、螺母 13、组合垫片 14 和 M8 螺杆 18 组成。空心螺栓贴有测拉力和扭矩的两组应变片，分别测量螺栓在拧紧时所受预紧拉力和扭矩。空心螺栓的内孔中装有 M8 的螺杆，拧紧或松开其上的手柄杆，即可改变空心螺栓的实际受载截面积，以达到改变连接件刚度的目的。

(2) 螺栓参数　材料为 45 钢，弹性模量 $E = 2.06 \times 10^5$ MPa，螺栓大径 $d = 16$ mm，螺栓中径 $d_2 = 14.27$ mm。

(3) 被连接件部分　由上板 11、下板 5、八角环 16 和锥塞 7 组成，八角环上贴有应变片，测量被连接件受力的大小，八角环中部有锥形孔，插入或拔出锥塞即可改变八角环的受力，以改变被连接件系统的刚度。

(4) 加载部分　由蜗杆 2、蜗轮 4、挺杆 19 和弹簧 9 组成。挺杆上贴有应变片，用以测量所加工作载荷的大小。蜗杆一端与电动机 1 相连，另一端装有手轮 20，起动电动机或转动手轮使挺杆上升或下降，以达到加载、卸载（改变工作载荷）的目的。

2. CQDJT-16A 多功能动/静态应变仪（图 2-5）

(1) 特点及工作原理　该数字静态应变仪主要用于实验应力分析及在静力强度研究中测量结构及材料任意点变形的应力分析，其主要特点是测量点数多，操作简单、携带方便，能方便地连接计算机，可进行单臂、半桥、全桥测量，K 值连续可调。该仪器可配接压力、拉力、扭矩、位移、温度等传感器，通过计算机可换算出各被测量的大小。

(2) 应变量测试原理　当被测件长度在外力作用下发生变化时，应变片的电阻值也随着发生了 ΔR 的变化，这样就把机械量转换成电量（电阻值）的变化。用灵敏的电阻测量仪——电桥，测出电阻值的变化 $\Delta R/R$，就可以换算出相应的应变 ε，并可直接在测量仪的显示屏上读出应变值。

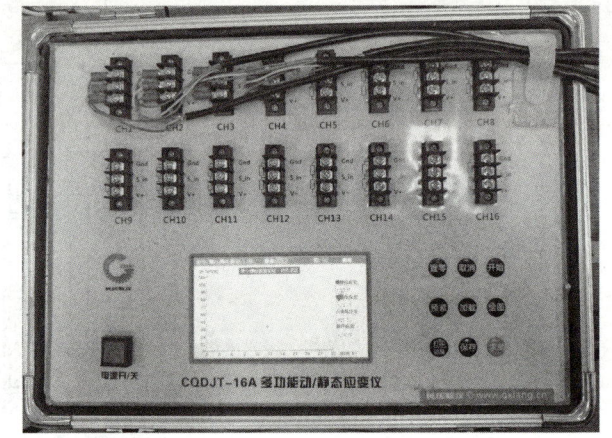

图 2-5　CQDJT-16A 多功能动/静态应变仪

3. 主要技术参数

应变仪主要技术参数见表 2-1。

表 2-1　应变仪主要技术参数

序号	项目	参数
1	测量点数	10
2	测量范围	$0 \sim \pm 19999 \mu\varepsilon$
3	显示分辨率	$1\mu\varepsilon$
4	基本误差	测量值的 $\pm 0.1\% \pm 2\mu\varepsilon$
5	稳定性	零点漂移 $\leqslant \pm 3\mu\varepsilon/4h$ 温度漂移 $\leqslant \pm 3\mu\varepsilon/℃$ 灵敏度变化：测量值的 $\pm 0.1\% \pm 2$ 个字
6	灵敏系数	$K = 2.20$
7	应变片电阻阻值	120Ω

4. 计算机专用多媒体软件及其他配套工具

1）需要计算机的配置为带 RS232 接口主板、128M 以上内存、40G 硬盘。

2）实验台专用多媒体软件可进行螺栓静态连接实验的数据结果处理、整理，并打印出所需的实测曲线和理论曲线图，待实验结束后进行分析。

3）专用扭力扳手（0~100N·m）一把，量程为 0~1mm 的千分表两个。

2.4.2 LSCS01 螺栓结构设计及动/静态性能连续测试实验台

LSCS01 螺栓结构设计及动/静态性能连续测试实验台包括一整套单螺栓连接动/静态性能连续测试实验台、一套双头螺柱实体结构拆装模组、一套螺钉实体结构拆装模组、一套螺栓（受剪）实体结构拆装模组、一套螺栓（受拉）实体结构拆装模组。

该实验台为半封闭结构，主要分为测量部分（1.0）、被测量部分（2.0）、加载部分（3.0）、控制单元（4.0）、工控机及配套软件部分（5.0）等，实验台结构示意图如图 2-6 所示。

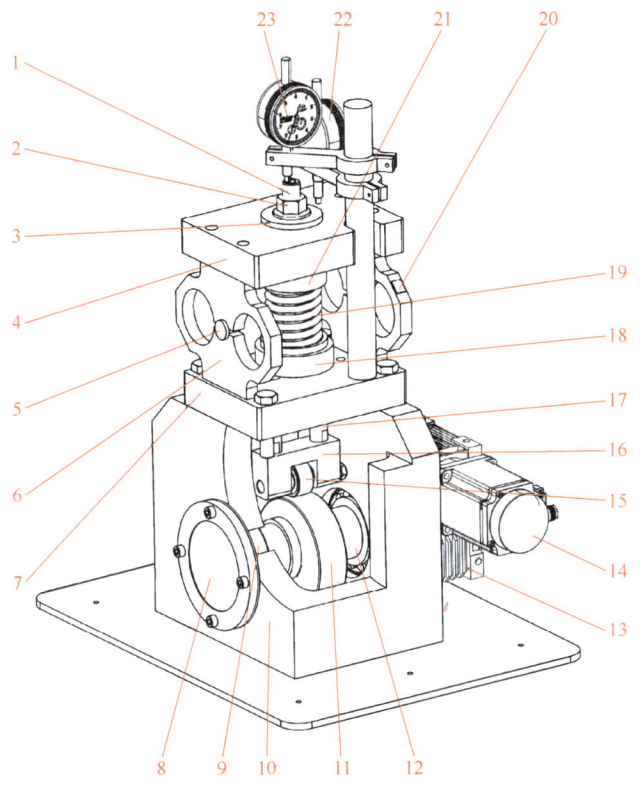

图 2-6 单螺栓连接动/静态性能连续测试实验台结构示意图

1—M16 长螺栓 2—螺母 3—大垫片 4—上平板 5—锥塞 6—八角环 7—下平板 8—轴承端盖 9—圆锥滚子轴承 10—下箱体 11—加载盘形凸轮 12—凸轮轴 13—蜗轮蜗杆减速器 14—交流伺服电动机 15—加载辊子 16—加载架 17—加载挺杆 18—加载圆盘 19—加载弹簧 20—350 全桥应变片（共四只） 21—环形螺栓压力传感器 22—八角环测量千分表 23—螺栓测量千分表

1. 测量部分（1.0）

测量部分由螺栓测量千分表、八角环测量千分表、DYHX-004 环形螺栓压力传感器和四只 350 全桥应变片组成，四只应变片分别测量螺栓拉力、螺栓扭矩、八角环和挺杆的应变值。加载挺杆上贴有应变片，用以测量所加工作载荷大小，测试 M16 长螺栓贴有测拉力和扭矩的两组应变片，分别测量螺栓在拧紧时所受预紧拉力和扭矩。螺栓压力传感器用于实时检测螺栓拧紧时受到的压力大小，这对于确保螺栓拧紧的准确性和可靠性至关重要。

2. 被测量部分（2.0）

被测量部分由 M16 长螺栓、螺母、大垫片、上平板、锥塞、八角环和下平板组成，上平板、八角环与下平板通过螺钉固定。八角环中部有锥形孔，插入或拔出锥塞即可改变八角环的受力，以改变被连接件系统的刚度。

螺栓参数：材料为不锈钢或 7075 铝合金，螺栓大径 $d=16\text{mm}$，螺栓中径 $d_2=14.27\text{mm}$。

3. 加载部分（3.0）

加载部分由凸轮轴、下箱体、加载盘形凸轮、圆锥滚子轴承、蜗轮蜗杆减速器、400W 交流伺服电动机、加载挺杆、加载圆盘和加载弹簧组成。加载部分用于施加负载或压力到螺栓连接处，模拟实际工作条件下的应力和应变。凸轮轴中间通过键连接加载盘形凸轮。伺服电动机和蜗轮蜗杆减速器相连驱动凸轮轴，转速由控制器单元控制并在控制器显示器上显示。

4. 控制单元（4.0）

控制部分由 GTSF01 伺服控制器、SD100-15AL-GBN 交流伺服控制器和线控单元组成。

5. 工控机及配套软件部分（5.0）

该部分可以将实验台各传感器数据实时采集和分析处理，并能在工控机上显示动态曲线和各参数实时数据，方便观察分析实验过程及特征，同时用户可通过交互按钮，设置各项参数，手动、自动采集关键点数据，并自动保存在内部数据列表内，可随时查看历史数据列表。

2.5 相关计算公式

（1）螺纹副摩擦力矩

$$T_1 = F_0 \frac{d_2}{2}\tan(\Psi+\varphi_v)$$

式中　F_0——螺纹预紧力；

　　　d_2——螺栓中径；

　　　Ψ——螺纹升角，$\Psi=\arctan\dfrac{S}{\pi d_2}=2.254$，其中 S 为导程。

　　　φ_v——当量摩擦角，$\varphi_v=\arctan 0.15$；

（2）扳手拧紧力矩

$$T \approx 0.2 F_0 d$$

其中 d 为螺栓的公称直径。因作用在螺纹上的预紧力比扳手一端所施加的拧紧力要大许多倍，因此对于重要场合的连接，应严格控制其拧紧力矩。

（3）螺栓的相对刚度

$$C = \frac{C_b}{C_b + C_m}$$

式中　C_b——螺栓刚度，$C_b = \dfrac{F_0}{\lambda_b}$，$\lambda_b$ 为螺栓伸长量；

　　　C_m——被连接件刚度，$C_m = \dfrac{F_0}{\lambda_m}$，$\lambda_m$ 为被连接件的压缩量。

（4）应变值与力的换算

$$F_{测} = \dfrac{\varepsilon_{测}}{\mu_{标}}$$

式中　$F_{测}$——应力值；

　　　$\varepsilon_{测}$——应变值；

　　　$\mu_{标}$——标定系数。

2.6　实验方法及步骤

1. 实验前准备

1）打开计算机或工控机。

2）打开 LSCS01 螺栓结构设计及动/静态性能连续测试实验台或 CQDJT-16A 多功能动/静态应变仪电源开关。

3）检查螺栓是否受载。手动检查螺母是否松开；取出八角环上的两个锥塞；转动手轮（或控制电动机转动），带动挺杆降下至最低位置（接近下板），使螺栓处于卸载位置。

4）调零。

5）用手使劲拧螺母至刚好与垫片组接触（不能使用任何工具），螺栓不能有松动的感觉。

6）分别将两个千分表调零，例如，机械千分表要保证千分表长指针有一圈的压缩量。

7）应变仪调零。

CQDJT-16A 多功能动/静态应变仪调零方式：①双击图标进入螺栓连接测试软件；②单击"串口检测"；③选择"串口1"；④单击"接收数据"；⑤单击"校零"，直至屏幕显示所有四个应变值数值均为"0"。

LSCS01 螺栓结构设计及动/静态性能连续测试实验台调零方式：①双击图标进入螺栓连接测试软件；②单击"参数设置"进入参数设置界面（图2-7），在"硬件通信设置"中设置"串口"，并打开串口通信开关；③单击"螺栓性能测试"选项卡，进入测试界面（图2-8）；④单击"测量初始化"。

2. 施加预紧力

用数显扭力扳手（提前设置好预紧力矩 30N·m）预紧被测试螺母，当扳手力矩达到 30N·m 时（听到扭力扳手"嘟"的报警声），取下扳手，完成螺栓预紧。单击"加预紧力测量"按钮，观察各测量点的应变值，并读出千分表数值，记录数据。

3. 加载

（1）CQDJT-16A 多功能动/静态应变仪　转动手轮（单方向），使挺杆上升 10mm 的高度，再次观察各测量点的应变值，并读出千分表数值，记录数据。

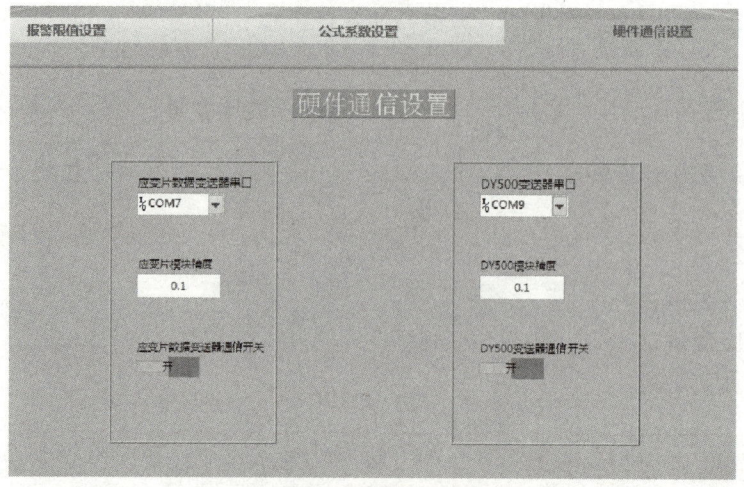

图 2-7 系统参数设置界面

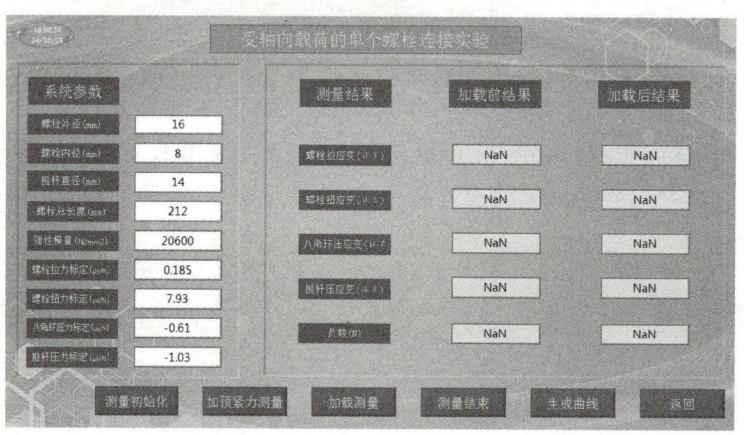

图 2-8 螺栓性能测试界面

（2）LSCS01 螺栓结构设计及动/静态性能连续测试实验台 ①单击螺栓测试仪上的"启动"按钮，伺服电动机通过蜗轮蜗杆减速器缓慢转动；②单击"加载测量"，再次观察各测量点的应变值、负载值，并读出千分表数值，记录动态数据和负载最大点数据；③单击"测量结束"；④单击"生成曲线"，观察并记录。

4. 数据整理

根据千分表的读数求出螺栓的伸长变形增加量 $\Delta\delta_1$ 和被连接件的压缩变形减小量 $\Delta\delta_2$，用八角环的应变量求出残余预紧力 F_1，由挺杆应变值求出工作载荷 F，由螺栓应变值求出总拉力 F_2，并绘制在受力-变形图上，用以验证螺栓受轴向载荷作用时是否符合变形协调规律（$\Delta\delta_1 = \Delta\delta_2$），以及螺栓上总拉力 F_2 与残余预紧力 F_1、工作载荷 F 之间的关系。

5. 完成报告

整理数据，完成实验报告二。

2.7 注意事项和常见问题

1. 注意事项

1）电动机的接线必须正确,电动机的旋转方向为逆时针（面向手轮正面）。
2）各注油孔及螺母端面应加油润滑。
3）数字静态应变仪应尽量放置在远离磁场源的地方。
4）应变片不得置于阳光暴晒之下,同时测量时应避免高温辐射和空气剧烈流动的影响。
5）测量过程中不得移动实验设备及电源线。

2. 常见问题

1）施加轴向工作载荷后,连接接合面处出现缝隙,此时应增大螺栓应变值。
2）实验过程中,预紧力和工作载荷应从小到大进行调整,否则可能会影响测量结果的准确性。

2.8 工程实践

螺栓连接是机械设备设计制造中常用的连接方式之一,具有加工简单、装配方便、承载能力强、可靠性高等一系列优点,被广泛应用于航空航天、船舶、汽车、土木等各种工程领域连接结构中。

（1）钢结构工程　螺栓连接是钢结构工程中常用的连接方式,包括普通螺栓连接、高强度螺栓摩擦型连接、高强度螺栓承压型连接和锚栓连接等。

（2）装配式混凝土框架结构　采用全螺栓干式连接,实现预制混凝土梁、柱的免支承施工,提高施工效率。

（3）可拆卸式螺栓连接装配式复合墙板体系　适用于铁路附属房屋、新农村建设及具有特殊用途的建筑,具有全天候施工、快速安装、可拆卸及重复利用等优点。

（4）机械制造　螺栓连接在机械制造中用于连接两个或多个零部件,使其成为一个整体,如发动机、变速器等机械设备中的螺栓连接。

（5）汽车制造　螺栓连接在汽车领域应用于悬架系统、发动机、变速器等关键部件,专利技术的研发提高了汽车整车的质量和性能。

螺栓连接因其可靠性、可拆卸性和重复使用性,在多个领域中都是不可或缺的连接方式。实际工程应用中,螺栓连接处往往是整个结构中刚度相对较弱的部位,在外界载荷（静载荷或动载荷）作用下,螺栓连接的状态会发生改变,出现松动、滑移甚至断裂等现象,影响连接结构的正常工作,严重时会对工作人员造成人身伤害。

2.8.1 斗轮堆取料机回转支承螺栓连接

斗轮堆取料机（图2-9）,简称斗轮机,是现代化工业大宗散状物料连续装卸的高效设备,目前已经广泛应用于港口、码头、冶金、水泥、钢铁厂、焦化厂、储煤厂、发电厂等散料（矿石、煤、焦炭、砂石）存储料场的堆取作业,可缩短装卸时间,提高工作效率,减轻工人的劳动强度。斗轮机利用斗轮连续取料，用机上的带式输送机连续堆料，是一种有轨式装卸机械。它是散状物料储料场内的专用机械，是在斗轮挖掘机的基础上演变而来的，可与卸车（船）机、带式输送机、装船（车）机组成储料场运输机械化系统，生产能力可达每小时1万多吨。斗轮机的作业有很强的规律性，易实现自动化，控制方式有手动、半自动和自动等。斗轮机按结构分为臂架型和桥架型两类。

由于斗轮机工况繁多，各机构受力复杂，在选定具有足够承载能力的回转支承后，通常采用承载能力高、抗疲劳能力强的高强度螺栓作为轴承上、下座圈与上部回转机构和下面固定部分相连接的紧固件（图2-10）。由于上部回转机构在堆取料时承受的各种载荷靠回转支承传递到下面的固定机构，所以高强度螺栓连接对于斗轮机的安全工作至关重要，若螺栓失效，必将对生产造成严重的影响。因此，对回转轴承中连接螺栓的受力情况进行精确的疲劳分析具有重要意义。

图2-9 斗轮堆取料机

图2-10 回转支承螺栓及其安装过程

螺栓在安装时靠施加的预紧力使两个接触面间紧密连接，利用两构件接触面间的摩擦力来传递剪力。高强度螺栓的整体性能好，抗疲劳能力强，所以在起重运输机械结构中的应用日趋广泛。当高强度螺栓仅受预紧力而无外载荷时，螺栓组仅承受工作压力，此时载荷变化幅度为0，在这种工况下，螺栓通常不会发生疲劳破坏。而一旦螺栓承受工作拉力，其所受载荷就会呈脉动变化，载荷变化幅度记为ΔF，这种情形下螺栓便存在疲劳断裂风险，即理论上螺栓工作载荷不应出现拉力。但实际工作中，斗轮机回转支承螺栓组的受力状况极为复杂。螺栓组轴向总载荷不再单纯由预紧力构成，而是处于脉动变化的载荷作用下。鉴于此，必须对螺栓的疲劳断裂问题展开分析，以便准确评估其在复杂工况下的可靠性与安全性。

在实际工作中，斗轮机通过不同角度的变幅和回转实现堆、取料作业，螺栓受力也会随着回转部分重心位置的变化而变化。在设计时，回转机构各部分的重量分布要合理，使回转部分的重心在不同变幅、回转角度时都能控制在合理的范围之内，螺栓才会有合理的应力幅值，从而具有较长的使用寿命。

2.8.2 螺栓连接设计及应用的发展趋势

1. 技术创新方面

（1）应用新材料 随着材料科学的不断进步，高强度合金钢、钛合金、碳纤维复合材料等新型材料将更多地应用于螺栓制造。例如，在航空航天领域，钛合金螺栓因具有高强度、低密度和良好的耐腐蚀性，能够有效减轻结构重量，提高飞行器的性能和效率。

（2）优化制造工艺　精密锻造、冷镦、粉末冶金等先进制造工艺将不断发展和完善，可提高螺栓的精度、强度和表面质量，同时降低生产成本。例如，采用粉末冶金工艺制造的螺栓，其内部组织均匀，力学性能优异，可满足高端装备制造对螺栓连接的高要求。

（3）智能化生产　借助自动化生产线、机器人技术和智能制造系统，螺栓的生产过程将更加智能化、高效化和精准化。通过引入先进的传感器和监测设备，实时监测螺栓的生产质量和性能，实现质量的在线控制和追溯，可提高产品的一致性和可靠性。

2. 性能提升方面

（1）高强度与高可靠性　在建筑、桥梁、风电等大型结构以及航空航天等高端装备制造领域，对螺栓连接的强度和可靠性要求越来越高。螺栓制造商将不断研发更高强度、更高韧性的螺栓产品，以满足极端工况下的连接需求。例如，在超高层建筑中，采用高强度螺栓连接钢结构框架，可确保建筑在强风、地震等恶劣环境下的安全性和稳定性。

（2）更好的耐腐蚀性　在海洋工程、化工、电力等恶劣环境中，螺栓的腐蚀问题一直是制约其使用寿命和结构安全的关键因素。因此，研发具有更好耐腐蚀性的螺栓材料和表面处理技术将成为重要的发展方向。例如，采用特殊的涂层技术，如达克罗涂层、锌镍合金涂层等，可显著提高螺栓的耐腐蚀性和抗氧化性。

3. 绿色可持续方面

（1）使用环保材料　为减少对环境的影响，螺栓制造企业将更多地采用可回收、可降解的环保材料。例如，开发以生物基聚合物为原料的螺栓，其在使用寿命结束后可自然降解，降低对环境的污染。

（2）采用节能生产工艺　推广应用节能型的制造工艺和设备，降低螺栓生产过程中的能源消耗和二氧化碳排放。例如，采用先进的热处理工艺，通过精确控制加热温度和时间，减少能源浪费，实现节能减排的目标。

4. 应用拓展方面

（1）新兴领域需求增长　随着新能源汽车、5G通信、人工智能、机器人等新兴产业的快速发展，螺栓连接在这些领域的应用将不断拓展。例如，在新能源汽车中，由于其轻量化和高安全性的要求，需要大量使用高强度、高精度的螺栓连接电池包、电机、底盘等关键部件。

（2）极端环境应用拓展　在深海、极地、太空等极端环境中，对螺栓连接的可靠性和适应性提出了更高的要求。螺栓制造商将不断研发适应极端环境的新产品和新技术，如低温环境下的抗脆断螺栓、深海环境下的耐高压螺栓等，以满足在这些特殊环境中的应用需求。

第3章

典型滑动轴承轴系结构设计及特性分析实验

3.1 概述

液体动压滑动轴承由于摩擦损失小、抗冲击载荷能力强，被大量用于水电站、火电站等大型机电设备的主轴系统中，是目前高转速、重载荷主轴系统设计中广泛采用的设计方案。

液体动压滑动轴承利用轴颈与轴承的相对运动，将润滑油带入楔形间隙形成动压油膜，并靠油膜的动压平衡外载荷。由于轴颈与轴承孔间必须留有一定的间隙，当轴颈静止时，在载荷作用下，轴颈在轴承孔中处于最低位置，并与轴瓦接触，此时两表面间自然形成一收敛的楔形空间（图 3-1a）。

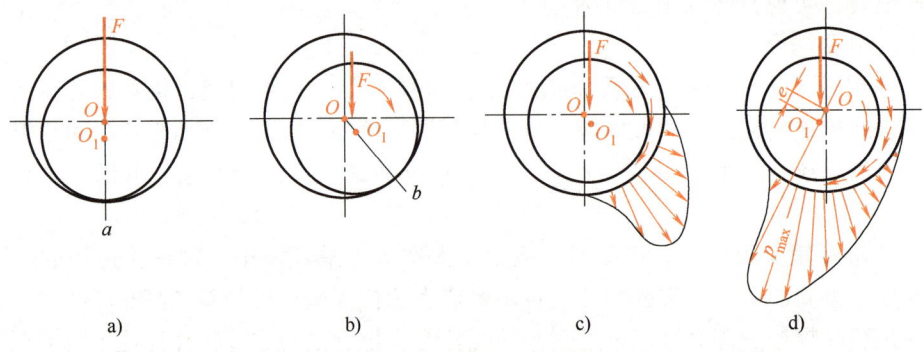

图 3-1 动压油膜形成过程

当轴颈开始转动时（图 3-1b），速度极低，带入轴承间隙中的油量较少，这时轴瓦对轴颈摩擦力的方向与轴颈表面的圆周速度方向相反，迫使轴颈在摩擦力的作用下沿轴承内壁向右滚动而偏移爬升。同时由于油的黏性，油被带入楔形间隙，随着轴颈转速的提高，被轴颈"泵"入间隙的油量随之增多，油膜中的压力逐渐形成。当轴颈达到足够高的转速时，润滑油在楔形间隙内形成流体动压效应，轴颈与轴承被油膜完全隔开（图 3-1c），因油膜内各点压力的合力有向左上方推动轴颈分力的存在，此情况不能持久。随着轴颈表面的圆周速度增大，带入楔形空间的油量也逐渐增加，右侧楔形油膜产生了一定的动压力，将轴颈向左浮起。最后，当达到稳定运转时，轴颈即处于如图 3-1d 所示的位置。此时油膜内各点的压力，其垂直方向的合力与载荷 F 平衡，其水平方向的压力左右自行抵消。于是轴颈就稳定在此平衡位置上旋转。由于轴承内的摩擦阻力仅为液体的内阻力，故摩擦系数达到最小值。

动压轴承的承载能力与轴颈的转速、润滑油的黏度、轴承的长径比、楔形间隙尺寸等有关，为获得液体摩擦必须保证一定的油膜厚度，而油膜厚度又受到轴颈和轴承孔表面粗糙度、轴的刚度及轴承、轴颈的几何形状误差等限制。

本实验利用滑动轴承实验台来观察滑动轴承的结构及油膜形成的过程，测量其径向油膜压力分布，并绘制出摩擦特性曲线、径向油膜压力分布曲线和测定其承载量。

3.2 预习作业

1）哪些因素影响液体动压滑动轴承的承载能力及油膜的形成？形成动压油膜的必要条件是什么？

2）滑动轴承与滚动轴承相比有哪些独特优点？为什么？

3）径向滑动轴承的轴颈与轴承孔间的摩擦状态为哪种？

4）常用的轴瓦材料有哪些？轴瓦材料除满足摩擦系数小、磨损少外，还应满足什么要求？

5）液体动压润滑滑动轴承的特性与哪些因素有关？

3.3 实验目的

1）观察、分析滑动轴承在起动过程中的摩擦现象及润滑状态，加深对形成流体动压条件的理解。

2）观察径向滑动轴承液体动压润滑油膜的形成过程和现象。

3）观察当载荷和转速改变时油膜压力的变化情况。

4）观察径向滑动轴承油膜的轴向压力分布情况。

5）测定和绘制径向滑动轴承径向油膜压力分布曲线。

6）了解径向滑动轴承的摩擦系数 f 的测量方法，绘制 f-λ 摩擦特性曲线，并分析影响摩擦系数的因素。

3.4 实验设备及工作原理

本实验可使用两种实验台：HS-B 液体动压轴承实验台和 HDZC03C 滑动轴承轴系结构设计及性能分析实验台。

3.4.1 HS-B 液体动压轴承实验台

1. 实验台结构

图 3-2 所示为 HS-B 液体动压轴承实验台。

（1）传动装置 该实验台的主轴由两个高度精密的单列深沟球轴承支承。直流电动机通过 V 带驱动主轴沿顺时针（面对实验台面板）方向转动，其上装有精密加工制造的主轴

图 3-2 HS-B 液体动压轴承实验台
1—操纵面板 2—电动机 3—V 带传动 4、8—轴向油压传感器 5—外加载荷传感器
6—螺旋加载杆 7—摩擦力传感器测力装置 9—传感器支承 10—主轴 11—主轴瓦 12—主轴箱

瓦,由装在底座里的调速器实现主轴的无级变速,轴的转速由装在操纵面板上的数码管直接读出。

(2) 轴与轴瓦间的油膜压力测量装置 主轴的材料为 45 钢,经表面淬火、磨光,由滚动轴承支承在箱体上。主轴的下半部浸泡在润滑油中,当主轴转动时可以把油带入主轴与轴承的间隙中形成油膜。本实验台采用的润滑油牌号为 N68,该油在 20℃ 时的动力黏度为 0.34Pa·s。在主轴瓦的一径向平面内沿圆周方向钻有七个小孔,每个小孔沿圆周相隔 20°,每个小孔连接一个压力传感器,用来测量该径向平面内相应点的油膜压力,由此可绘制出径向油膜压力分布曲线。沿主轴瓦的一个轴向断面上装有两个压力传感器(即轴向油压传感器 4 和 8),用来观察有限长滑动轴承沿轴向的油膜压力情况。

(3) 加载装置 油膜的压力分布曲线是在一定的载荷和转速下绘制的。当载荷改变或主轴转速改变时所测量出的压力值是不同的,所绘出的压力分布曲线的形状也是不同的。本实验台采用螺旋加载,转动螺旋加载杆 6 即可对轴瓦加载,加载大小由外加载荷传感器 5 输出,由操纵面板上的数码管显示。这种加载方式的主要优点是结构简单、可靠、使用方便,载荷的大小可任意调节。但在起动电动机之前,一定要使滑动轴承处在零载荷状态,以免烧坏轴瓦。

(4) 摩擦系数 f 的测量装置 主轴瓦上装有测力杆,可由摩擦力传感器测力装置 7 读出摩擦力值,并在操纵面板的相应数码管上显示。径向滑动轴承的摩擦系数 f 随轴承的特性系数 $\lambda = \eta n/p$ 值的改变而变化,如图 3-3 所示。在边界摩擦时,随着 λ 的增大,f 的变化量很小;进入混合摩擦后,λ 的改变引起 f 的急剧变化;A 点是轴承由非液体摩擦向液体摩擦转变的临界点,此点的摩擦系数 f 为最小值,此后,λ 增大,油膜厚度也随之增大,因

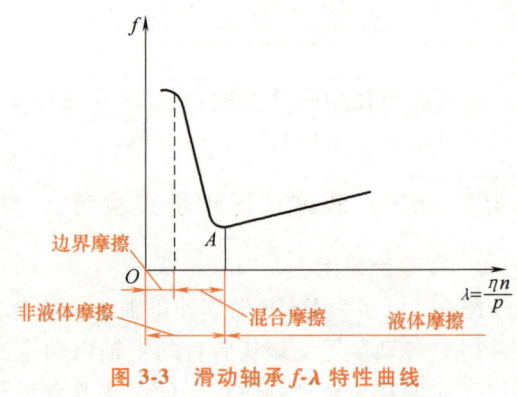

图 3-3 滑动轴承 f-λ 特性曲线

而 f 也有所增大。

摩擦系数 f 的值可通过公式得到：

$$f=(\pi 2\eta n/30\Psi p)+0.55\Psi\xi$$

式中　η——润滑油的动力黏度（Pa·s）；

　　　Ψ——相对间隙；

　　　ξ——随轴承长径比而变化的系数，当 $L/d<1$ 时，取1.5，当 $L/d\geqslant 1$ 时，取1；

　　　n——轴的转速（r/min）；

　　　p——轴承比压（N/mm²），$p=W/Bd$，其中，W 为轴上所受总载荷，$W=$ 轴瓦自重+外加载荷，本机轴瓦自重为40N，B 为轴瓦有效工作长度（mm），d 为轴颈直径（mm）。

（5）摩擦状态指示装置　当主轴没有转动时，轴与轴瓦是接触的，可以看到灯泡很亮；当主轴在很低的转速下慢慢转动时，会将润滑油带入轴和轴瓦之间的收敛间隙内，但由于此时的油膜很薄，轴与轴瓦之间部分微观不平的凸峰处仍有接触，故灯忽亮忽暗；当轴的转速达到一定值时，轴与轴瓦之间形成的压力油膜完全遮盖住两表面之间微观不平的凸峰，油膜完全将轴与轴瓦隔开，灯泡不亮。

（6）主要技术参数　实验台主要技术参数见表3-1。

表3-1　实验台主要技术参数

项目	详情
实验轴瓦	内径:70mm,有效长度:110mm,表面粗糙度:$Ra3.2$mm,材料:ZCuSn5Pb5Zn5
加载范围	0~1000N(0~100kg)
载荷传感器	精度:0.1%,量程:0~1200N
摩擦力传感器	精度:0.1%,量程:0~50N
油膜压力传感器	精度:0.01%,量程:0~0.6MPa
测力杆上测力点与轴承中心距离	125mm
直流伺服电动机	电动机功率:355W,电动机转速:1500rpm
主轴调速范围	3~500rpm
实验台质量	52kg

（7）实验台操纵面板　实验台操纵面板布置如图3-4所示。

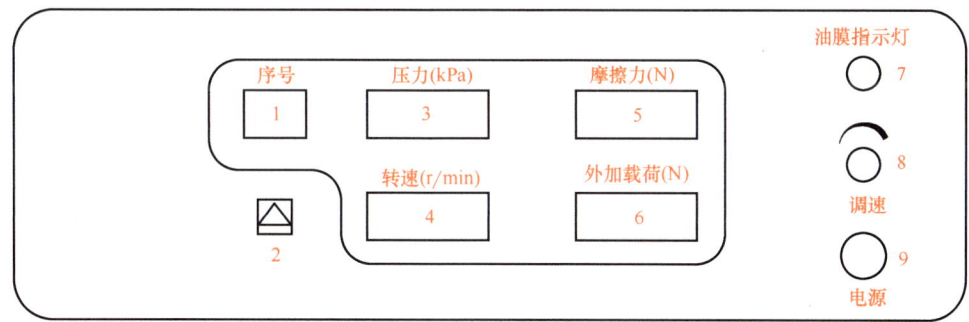

图3-4　实验台操纵面板布置

1）数码管1：显示周向、轴向传感器顺序号，1~7号为7只周向传感器序号，8号为轴向传感器序号。

2）数码管3：显示周向、轴向油膜压力传感器采集的实时数据。

3）数码管4：显示主轴转速传感器采集的实时数据。

4）数码管5：显示摩擦力传感器采集的实时数据。

5）数码管6：显示外加载荷传感器采集的实时数据。

6）油膜指示灯7：用于指示轴瓦与轴颈间的油膜状态。

7）调速旋钮8：用于调整主轴转速。

8）电源开关9：此按钮为带自锁的电源按钮。

9）序号显示按钮2：此键可显示1~8号油压传感器顺序号和相应的油压传感器采集的实时数据。

2. 电气控制系统

（1）系统组成 该实验台的电气控制系统主要由三部分组成。

1）电动机调速部分。采用专用由脉宽调制（PWM）原理设计的直流电动机调速电源，通过调节操纵面板上的调速旋钮实现对电动机的调速。

2）直流电源及传感器放大电路部分。由直流电源及传感器放大电路组成，直流电源主要向显示控制板和10组传感器放大电路（将10个传感器的测量信号放大到规定幅度，供显示控制板采样测量）供电。

3）显示测量控制部分。由单片机、A/D转换和RS-232接口组成。单片机负责转速测量和10路传感器信号采样，经采集的参数传输到操纵面板进行显示。另外采集的各信号经RS-232接口传输到上位机（计算机）进行数据处理，不同的油膜压力信号可通过操纵面板上的触摸按钮选择。该功能可脱机（不需计算机）运行，手工对各采集的信号进行处理。

仪器工作时，如果轴瓦和轴颈之间无油膜，很可能会烧坏轴瓦，为此人为设计了轴瓦保护电路。若无油膜，油膜指示灯亮；正常工作时，油膜指示灯灭。

仪器的负载调节控制由三部分组成：一部分为负载传感器，另一部分为电源和负载信号放大电路，第三部分为负载A/D转换及显示电路。传感器为柱式传感器，在轴向布置了两个应变片来测量负载。负载信号通过测量电路转换为与之成比例的电压信号，然后通过线性放大器使峰值达到1V以上。最后该信号送至A/D转换器及显示电路，并在操纵面板上直接显示负载值。

（2）技术参数

1）直流电动机功率：355W。

2）测速部分：①测速范围为1~375r/min；②测速精度为±1r/min。

3）工作条件：①环境温度为-10~+50℃；②相对湿度为≤80%；③电源为AC 220V，50Hz；④工作场所要求无强烈电磁干扰和腐蚀气体。

（3）软件界面操作说明

1）滑动轴承实验教学界面。在初始界面上的非文字区单击左键，即可进入滑动轴承实验教学界面，界面中各按钮功能介绍如下。

- "实验指导书"：单击此按钮，进入实验指导书界面。
- "油膜压力分析"：单击此按钮，进入油膜压力仿真与测试分析实验界面。

- "摩擦特性分析"：单击此按钮，进入摩擦特性连续实验界面。
- "实验台参数设置"：单击此按钮，进入实验台参数设置界面。
- "退出"：单击此按钮，结束程序的运行，返回 Windows 界面。
2）油膜压力仿真与测试分析界面如图 3-5 所示。界面中各按钮功能介绍如下。
- "稳定测试"：单击此按钮，进入稳定测试。
- "历史文档"：单击此按钮，进行历史文档再现。
- "手动测试"：单击此按钮，进入油膜压力手动分析实验界面。
- "返回"：单击此按钮，返回滑动轴承实验教学界面。

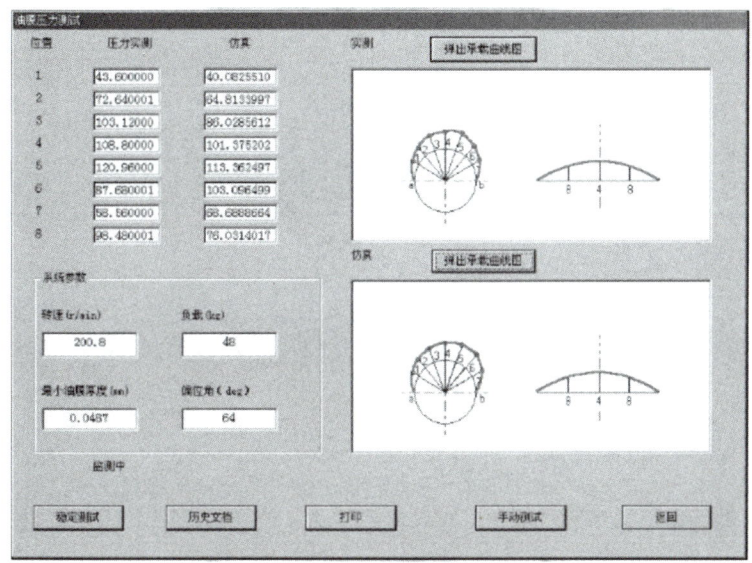

图 3-5　油膜压力仿真与测试分析界面

3）摩擦特征仿真与测试分析界面如图 3-6 所示。

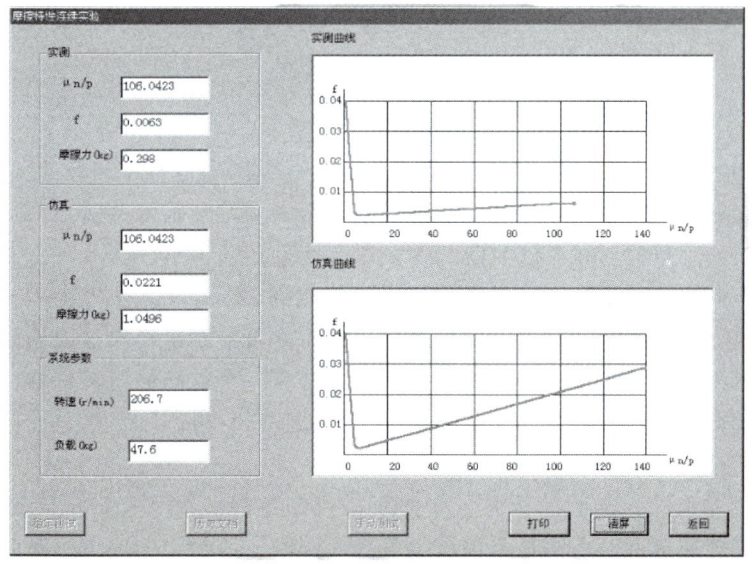

图 3-6　摩擦特征仿真与测试分析界面

3.4.2　HDZC03C 滑动轴承轴系结构设计及性能分析实验台

HDZC03C 滑动轴承轴系结构设计及性能分析实验台为半封闭结构，主要分为六大部分：测量部分（1.0）、加载传动部分（2.0）、机架支承部分（3.0）、被测量部分（4.0）、控制单元（5.0）、工控机及配套软件（6.0）。实验台结构示意图如图 3-7 所示。实验台能实时采集和分析处理实验台各传感器数据，并能在显示屏上显示油膜压力、转速、负载大小等实时数据，绘制测试和仿真径向油膜压力曲线、轴向油膜压力曲线、承载曲线、摩擦特性曲线等。

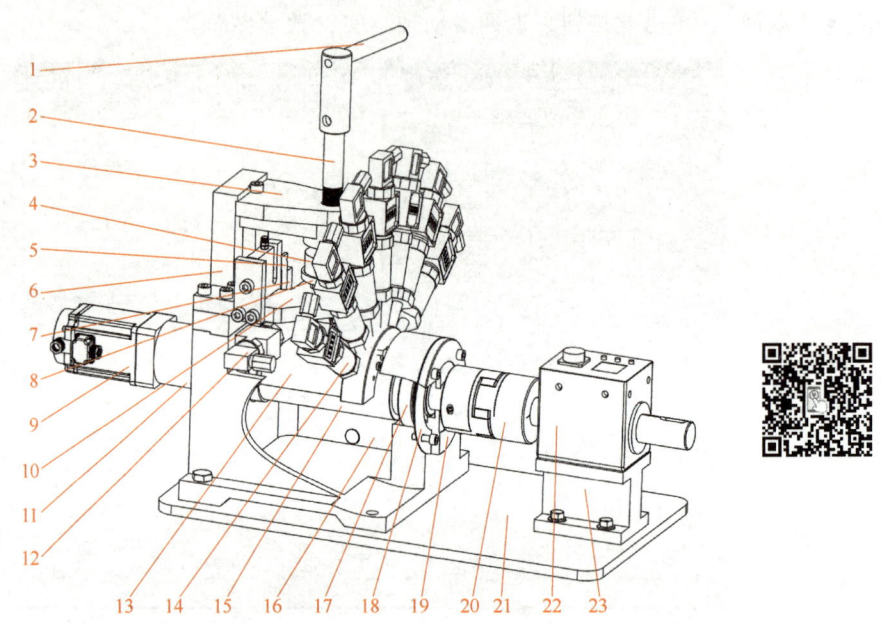

图 3-7　HDZC03C 滑动轴承轴系结构设计及性能分析实验台结构示意图

1—加载手柄　2—螺旋加载杆　3—加载支承板　4—称重传感器　5—摩擦顶针　6—加载支承立柱
7—摩擦力传感器　8—加载头　9—伺服电动机　10—称重传感器支承板　11—减速器　12—轴向油压传感器（8号）
13—主轴瓦　14—周向油压传感器（1~7号）　15—主轴　16—主轴箱　17—轴承　18—垫片　19—轴承端盖
20—联轴器　21—底板　22—动扭传感器底座　23—动态扭矩测试仪

1. 测量部分（1.0）

（1）轴与轴瓦间的油膜压力测量装置　主轴由两个深沟球轴承支承在主轴箱上，主轴的下半部浸泡在润滑油中，当主轴转动时可以把油带入主轴与轴承的间隙中形成油膜。本实验台采用的润滑油牌号为 N68，该油在 20℃ 时的动力黏度为 0.34Pa·s。在主轴瓦的一径向平面内沿圆周方向钻了七个小孔，每个小孔沿圆周相隔 20°，每个小孔连接一个周向油压传感器，用来测量该径向平面内相应点的油膜压力，由此可绘制出径向油膜压力分布曲线，结果由工控机屏幕显示。沿主轴瓦的一个轴向断面上装有一个轴向油压传感器，用来观察有限长滑动轴承沿轴向的油膜压力情况。油压传感器采用 CYT-102 小巧型压力变送器，详细介绍见附录。

（2）载荷测量装置　油膜的压力分布曲线是在一定的载荷和一定的转速下绘制的。当载荷改变或主轴转速改变时所测量出的压力值是不同的，所绘出的压力分布曲线的形状也是不同的。加载力大小由 DYMH-101 型压电膜盒式传感器输出，详细介绍见附录。

（3）摩擦系数测量装置　主轴瓦上装有摩擦顶针，通过顶针碰触摩擦力传感器可以读出摩擦力值。本实验台摩擦力传感器采用 DYLY-103 S 型拉压力传感器，详细介绍见附录。

（4）动态扭矩测量装置　主轴较长侧伸出主轴箱，通过铝合金梅花联轴器与动态扭矩测试仪的输入轴连接，电动机运转带动主轴转动，从动态扭矩测试仪可以读出实时扭矩、功率和转速等。动态扭矩测试仪采用 DYN-2000 动态扭矩传感器，最小可检测扭矩低至 0.00001N·m，自带扭矩、转速功率显示屏。扭矩范围 0~2000N·m，转速范围 1~1000r/min，精度±0.3%，实时转速检测显示系统分辨率 1~3600 CPR，最大转速 6000RPM，最大响应频率 100kHz。详细介绍见附录。

2. 加载传动部分（2.0）

该实验台主轴由两个两面带密封圈的深沟球轴承支承。伺服电动机连接减速器，通过螺栓安装在主轴箱上，通过键连接驱动主轴，可实现顺时针与逆时针双向转动，主轴另一侧通过梅花联轴器与动态扭矩测试仪连接。主轴上安装有精密加工制造的主轴瓦，转速由伺服电动机控制器控制，控制器可以显示转速，扭矩和功率由扭矩测试系统显示。伺服电动机采用 60-M01330LBX 交流伺服电动机，功率 400W，电压 220V，额定转矩 1.27N·m，额定转速 3000rpm，额定电流 2.5A。详细介绍见附录。减速器采用行星减速器，减速比为 10∶1。

本实验台采用螺旋加载，加载手柄固定在螺旋加载杆上，顺时针转动加载手柄，可通过称重传感器和加载头对主轴瓦施加径向载荷。

实验前若需要拆下主轴瓦观察，应按下列步骤进行。

1）旋出置于主轴瓦上的传感器接头，拆下固定于主轴瓦上的测力装置及负载。

2）将安装外加载荷传感器的支承板拆下，即可卸下主轴瓦进行观察。

3. 机架支承部分（3.0）

机架支承部分主要分为底部支承和加载支承两部分，主轴箱用于安装固定轴承和测试主轴，动态扭矩测试仪安装在动扭传感器底座上，并与主轴箱一起固定在底板上。

加载支承板通过加载支承立柱固定在主箱体上，用于对螺旋加载装置提供支承。

称重传感器支承板固定在加载支承立柱上，用于安装摩擦力传感器和称重传感器。

4. 被测量部分（4.0）

被测量部分包括主轴瓦（图 3-8）和主轴（图 3-9），主轴的材料为不锈钢，经表面淬

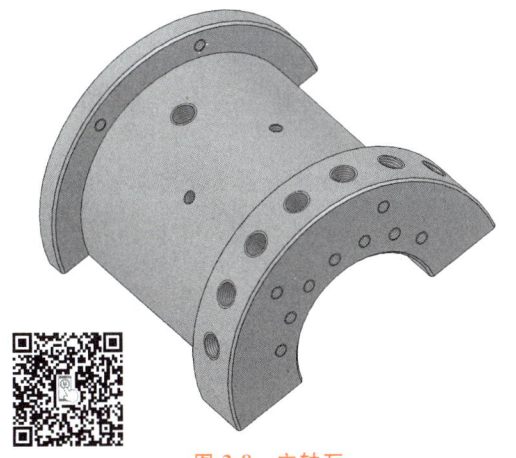

图 3-8　主轴瓦

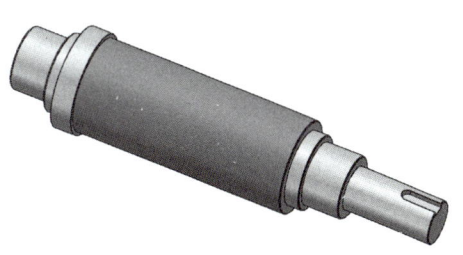

图 3-9　主轴

火、磨光。主轴瓦的材料为 ZCuSn5Pb5Zn5，内径 $D = 75mm$，有效长度 $B = 120mm$，表面粗糙度为 $Ra3.2mm$。

5. 控制单元（5.0）

控制部分由 HDZC03C 滑动轴承性能分析仪、SD300-20AL-GBF 交流伺服控制器和线控单元组成。

6. 工控机及配套软件（6.0）

将实验台各传感器数据实时采集和分析处理，并能在工控机上显示动态曲线和各参数实时数据，方便观察分析实验过程及特征，同时用户可通过交互按钮，设置各项参数，手动、自动采集关键点数据，并自动保存在内部数据列表内，可随时查看历史数据列表。

（1）信号采集系统说明　图 3-10 所示为信号采集系统流程图。

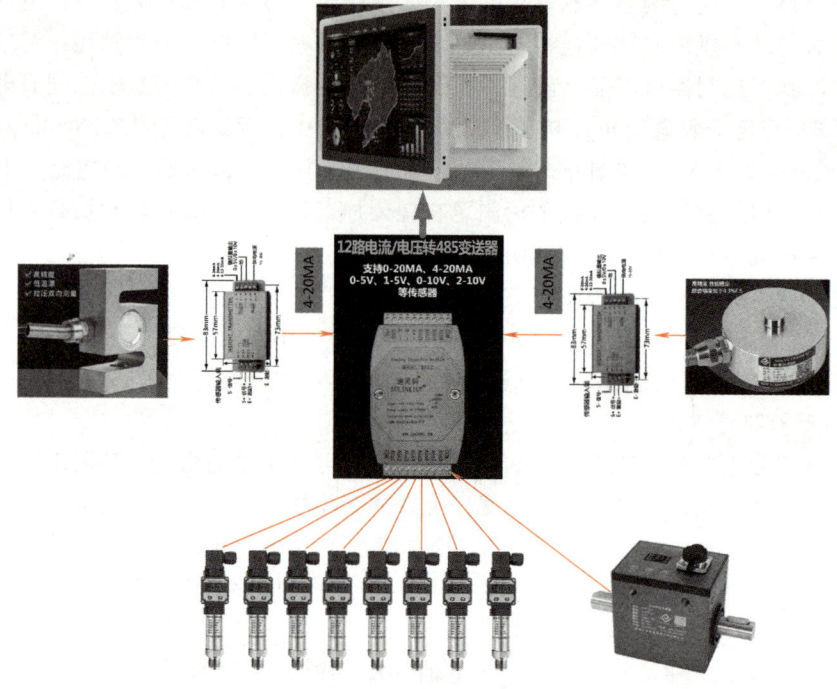

图 3-10　信号采集系统流程图

1）核心设备：12 路电流/电压转 485 变送器。它支持 0～20mA、4～20mA、0～5V、1-5V 等信号转换，是整个系统的关键枢纽，负责将各种模拟信号转换为 485 通信信号进行传输。

2）输入设备：DYLY-103 S 型拉/压力传感器，用于测量摩擦力的大小并输出相应的电信号（4～20mA）；DYMH-101 型压电膜盒式传感器，用于测量加载力大小，同样输出 4～20mA 的信号；CYT-102 型不锈钢隔离膜压力变送器，用于测量油膜压力，将压力信号转换为电信号传输给变送器。

3）输出设备：计算机系统，包含显示屏，用于接收和处理来自变送器的数据，进行数据的显示、分析等操作。

4）连接关系：图中通过箭头表示了信号的传输方向，从各类传感器采集到的模拟信号，通过 4～20mA 的电流信号传输给 12 路电流/电压转 485 变送器，变送器将其转换为 485

通信信号后传输给计算机系统进行处理和显示。整个系统构建了一个从信号采集、转换到传输、处理的完整流程。

（2）软件操作说明

1）滑动轴承实验系统主界面。双击桌面图标，进入滑动轴承轴系结构设计及性能分析实验系统主界面，如图3-11所示。主界面中各按钮功能介绍如下。

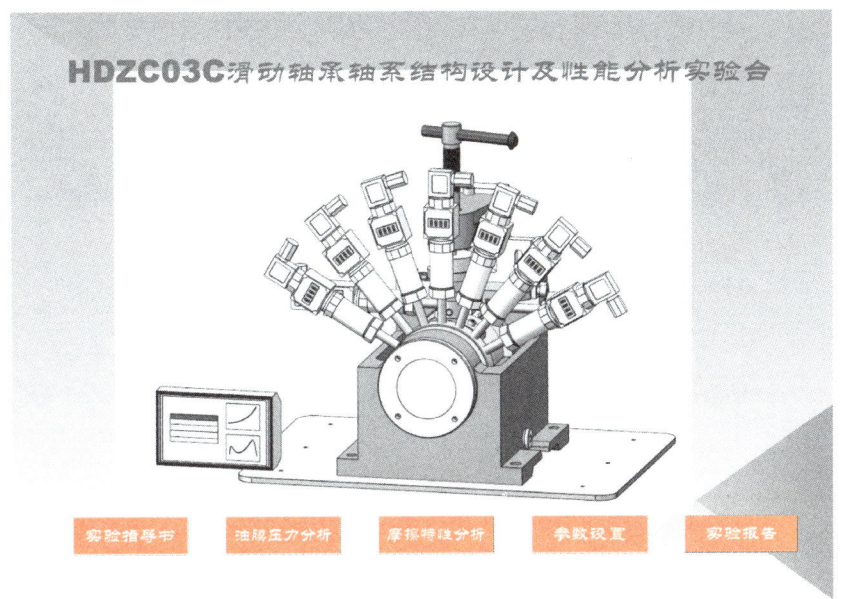

图3-11　滑动轴承轴系结构设计及性能分析实验系统主界面

- "实验指导书"：单击此按钮，进入实验指导书界面。
- "油膜压力分析"：单击此按钮，进入油膜压力仿真与测试分析实验界面。
- "摩擦特性分析"：单击此按钮，进入摩擦特性连续实验界面。
- "参数设置"：单击此按钮，进入实验台参数设置界面。
- "实验报告"：单击此按钮，生成实验报告数据部分。

2）油膜压力分析界面。在主界面单击"油膜压力分析"，进入油膜压力分析界面，如图3-12所示。油膜压力分析界面说明及操作如下。

- "序号"：1~7号为周向油压数值，8号为轴向油压数值。
- "系统参数"区域：实时显示主轴转速、主轴瓦负载、最小油膜厚度、偏位角、功率和扭矩。
- "测量"：单击此按钮，系统自动进入测量。
- "保存"：单击此按钮，保存当前数据。
- "返回"：单击此按钮，返回主界面。

3）摩擦特性分析界面。在主界面单击"摩擦特性分析"，进入摩擦特性分析界面，如图3-13所示。摩擦特性分析界面说明及操作如下。

- "测量结果"区域：实时显示轴承特性系数、摩擦系数、摩擦力、负载、转速数值、功率和扭矩。
- "单次测量"：单击此按钮，系统测量、显示及保存当前数值，并进入下一组数据

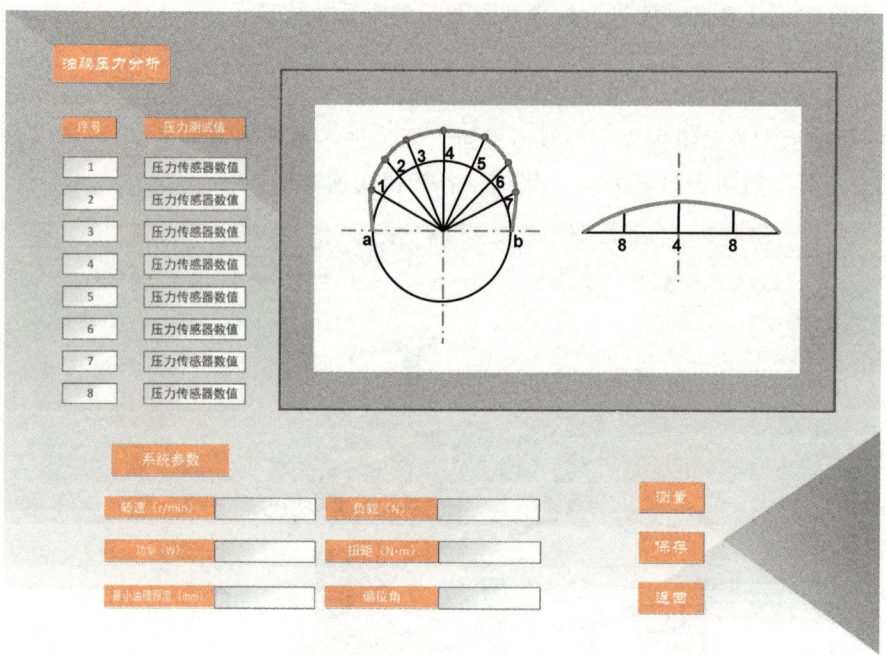

图 3-12 油膜压力分析界面

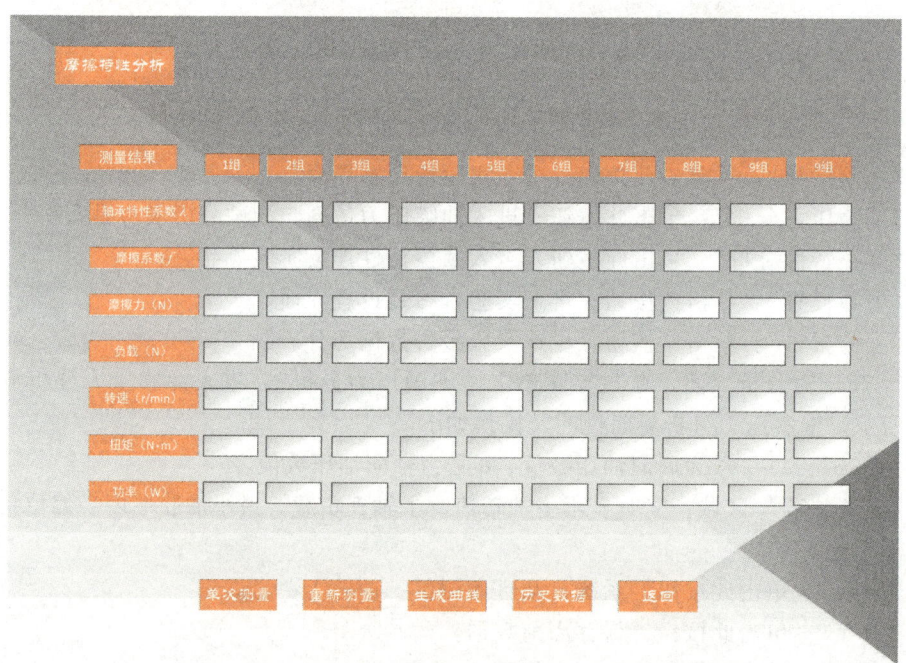

图 3-13 摩擦特性分析界面

测量。
- "重新测量":单击此按钮,清除并重新测量当前该组数据,只针对修改当前该组数据。
- "生成曲线":完成所有要求点测量后,单击此按钮,生成曲线。

- "历史数据":提取历史数据。
- "返回":单击此按钮,返回主界面。

3.5 实验内容

1. 液体动压轴承油膜压力周向分布的测试分析

通过周向和轴向油压传感器采集液体动压轴承周向上7个点和轴向第8点位置的油膜压力,通过拟合做出该轴承油膜压力周向分布图,并分析其分布规律,了解影响油膜压力分布的因素。

2. 液体动压轴承油膜压力周向分布的仿真分析

通过本实验装置配置的计算机软件,利用数学模型做出液体动压轴承油膜压力周向分布的仿真曲线,与实测曲线进行分析比较。

3. 液体动压轴承摩擦特征曲线的测定

通过油压传感器、摩擦力传感器,采集转换轴承的摩擦力矩,并采集轴承的工作载荷,得出摩擦系数特征曲线,了解影响摩擦系数的因素。

4. 液体动压轴承运动模拟

通过建模,完成轴承在不同载荷作用下轴承偏心变化的运动模拟。

3.6 实验方法及步骤

1. 实验前准备

1)检查实验台,使各个机件处于完好状态。

2)打开计算机或工控机。

3)打开 HS-B 液体动压轴承实验平台或 HDZC03C 滑动轴承轴系结构设计及性能分析实验台电源开关。

4)检查滑动轴承是否受载。转动加载手柄,观察螺旋加载杆是否可轻松转动,使主轴瓦处于卸载位置。

2. 打开计算机及软件

1)单击计算机桌面上的图标(滑动轴承实验),进入软件的初始界面。

2)如需要可在主界面上单击"实验指导"按钮,进入本实验指导界面。

3. 调速加载

均匀旋动调速按钮,使转速保持在 300r/min,转动加载手柄,施加负载(负载大小按实验报告要求施加)。

4. 油膜压力分析

在主界面上单击"油膜压力分析"按钮,进入油膜压力分析。在滑动轴承油膜压力仿真与测试分析界面上,单击"稳定测试"按钮,稳定采集滑动轴承各测试数据。测试完成后,将得出实测仿真八个压力传感器位置点的压力值。自动绘出实测与仿真曲线,同时弹出"另存为(或数据保存)"对话框,提示保存(存档前一定要建立相应的文件夹,方便管理文档)。

再以不同的转速（≤300r/min）和载荷（≤100N）重新测量一遍，记录、比较数据。

5. 摩擦特性分析

在主界面上单击"摩擦特性分析"按钮，进入摩擦特性分析。在做滑动轴承摩擦特征仿真与测试实验时，均匀旋动调速按钮，使转速在 0~300rpm 变化，测定滑动轴承所受的摩擦力矩。

在滑动轴承摩擦特征仿真与测试分析界面上，单击"稳定测试（或单次测量）"按钮，稳定采集滑动轴承各测试数据。完成一次后，在实测图中绘出一点。依次测试转速 0~300r/min，负载为 70N 时的摩擦特性（最少 10 点，转速间隔 30r/min 左右）。全部测试完成后，单击"结束（或生成曲线）"按钮，即可绘制滑动轴承摩擦特征实测曲线图。

6. 实验收尾

实验结束后，退出系统，卸载，关闭电源。

3.7 注意事项和常见问题

1. 注意事项

1）系统用油必须过滤后使用，使用过程中严禁灰尘和金属屑混入油内。

2）实验前及实验后要将调速旋钮旋到最低（转速为零），加载螺旋杆旋至与外加载荷传感器脱离接触。

3）旋转调速按钮，使电动机以 100~200r/min 运行 10min（此时油膜指示灯应熄灭），再按实验步骤操作。

4）外加载荷传感器所加负载不允许超过 1000N，以免损坏元器件。

5）为防止主轴瓦在无油膜运转时烧坏，在面板上装有无油膜报警指示灯，正常工作时指示灯是熄灭的，严禁在指示灯亮时主轴高速运转。

6）做摩擦特征曲线测定实验时，当载荷超过 800N 和转速<10r/min 时建议终止实验，否则会影响设备的使用寿命。

7）机油牌号可根据具体环境和温度进行选择。

2. 常见问题

1）若实际测得的实验数据不太准确，应考虑如下影响因素，包括实验用油是否足量、清洁，实验前是否将调速按钮置零，是否先起动电动机再加载等。

2）在做摩擦系数测定实验时，若油压表的压力不回零，这时需人为把轴瓦抬起，使油流出。

3.8 工程实践及设计方法

滑动轴承因其独特的结构和性能，在众多机械设备中扮演着重要角色。以下是滑动轴承应用广泛的设备类型。

（1）工业机械 在轧钢机、炼油厂的离心压缩机、水泥厂的回转窑等大型重载设备中，滑动轴承因其耐磨损、抗腐蚀的特性而被广泛应用。

（2）汽车领域 汽车的发动机、连杆轴承和主轴承等部件也常用滑动轴承，它能够承受极大的压力和高温。

（3）航空航天　在涡轮发动机和飞机的操纵系统中，滑动轴承因其轻量、耐高温、耐腐蚀的特性而占据重要地位。

（4）海洋工程装备　在海洋油气资源开发装备，如海洋钻井平台、浮式生产储油船等的船舶艉轴承部分，滑动轴承用于支承螺旋桨轴运转，减少振动，确保运行平稳。

（5）能源工程　在大型风电、水电、核电机组等能源工程领域，滑动轴承是关键零部件，直接决定着重大装备的质量、性能、效率和可靠性。

（6）装备制造　数控机床的回转主轴滑动轴承可确保设备拥有高速性能和精度。

滑动轴承在这些设备中的应用，不仅因为其承载能力强、运行平稳、噪声低，还因为其良好的抗振性和适应各种工作环境的能力。随着技术的不断进步，滑动轴承的应用领域预计将进一步扩大。

3.8.1　滑动轴承的工程实践应用

1. 风电设备中的滑动轴承

在能源需求旺盛的今天，全世界每年都会消耗大量的化石能源，然而地球化石能源毕竟有限，另外这些传统能源使用过程中还会带来较大的污染，因此发展新能源成为必然的趋势。风电作为一种清洁能源，如今世界各国都在大力发展。风力发电机中最关键的部件包括轴承、叶片、变频器、发电机以及电气控制系统，图 3-14 所示为风力发电机主要部位结构示意图。

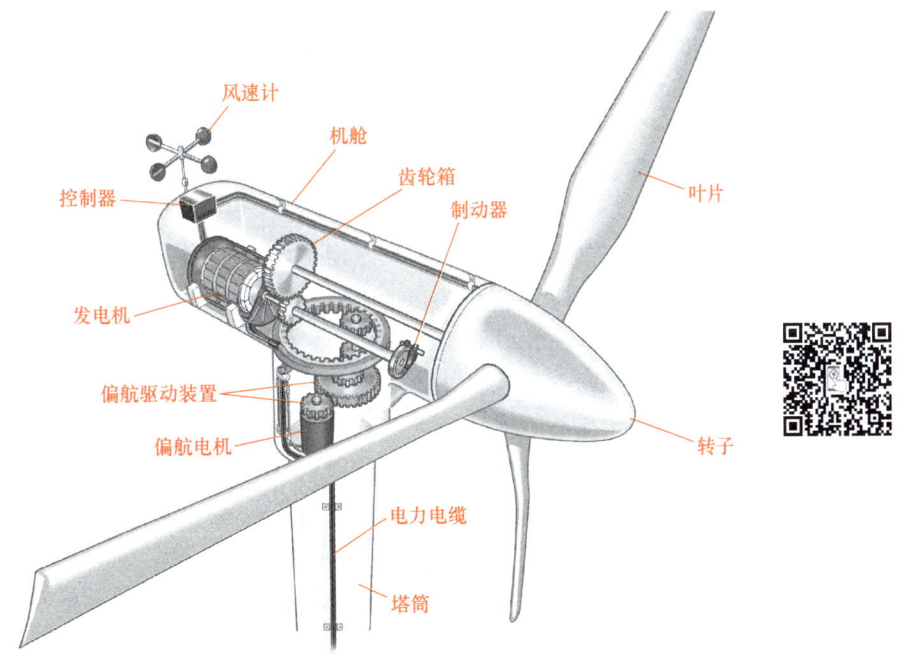

图 3-14　风力发电机主要部位结构示意图

风电轴承是壁垒较高的核心零部件，一般包括变桨轴承、偏航轴承、传动系统轴承（主轴轴承、齿轮箱轴承、发电机轴承）。轴承是风电设备的核心零部件，需满足风电设备的恶劣工况和长寿命、高可靠性的使用要求。风电轴承在不同机型中的使用量不同，一般来说一台直驱式风机需要1~2套主轴轴承、1套偏航轴承、3套变桨轴承，而双馈式或半直驱式风机由于在直驱式的基础上增加了齿轮箱，因此还需要多套齿轮箱轴承。目前风电轴承以滚动轴承为主，由于不同机型轴承的工况与设计要求均有差异，因此风电轴承定制化程度较高。

在风力发电机组中，主轴连接风轮和齿轮箱（直驱型风力发电机没有齿轮箱）。滑动轴承应用于主轴，承担风轮传递过来的巨大径向力和轴向力。风轮在不同风速下会产生复杂多变的载荷，特别是在强风等极端工况下，滑动轴承能够有效支承主轴，保证其稳定运行。例如，对于兆瓦级别的大型风力发电机，主轴直径可达数百毫米，滑动轴承能够适应这种大型部件的支承需求。

偏航系统用于调整风轮朝向，使风轮能够正对风向，提高风能捕获效率。变桨系统通过改变桨叶的桨距角来控制风轮的转速和功率输出。在偏航轴承和变桨轴承中应用滑动轴承，可以实现较为平稳的转动。在偏航和变桨过程中，轴承需要承受不同方向的力，滑动轴承能够在一定程度上缓冲这些力，减少振动和冲击。

油膜不仅能够降低摩擦，还能承载负荷。在风电设备运行过程中，风轮受到的风力会转化为各种载荷作用在主轴等部件上。油膜的压力分布会根据这些载荷的大小和方向动态变化，从而平衡轴向和径向的力。当风力产生的轴向推力作用在主轴上时，油膜在轴颈的轴向两端会产生相应的压力差来抵抗这个推力；对于径向力，油膜的压力分布会在圆周方向上进行调整，使得轴颈始终保持在合适的位置。

风电设备中滑动轴承的失效主要表现为表面疲劳失效和整体疲劳失效。在风电设备长期运行过程中，轴颈和轴承表面在交变载荷的作用下会产生疲劳裂纹。风轮受到的风力是不断变化的，这使得主轴等部件承受的载荷也是交变的。这些疲劳裂纹会逐渐扩展，最终导致轴承表面材料的剥落。例如，在经过多年运行的风电机组中，轴承表面可能会出现小块的材料剥落，这些剥落的材料会进一步影响轴承的性能。

除了表面疲劳，整个轴承在长期的交变载荷和振动作用下也可能出现整体疲劳，这包括轴承座、轴瓦等部件的疲劳变形。例如，轴承座在长时间承受巨大的轴向和径向力后，可能会出现微小的变形，影响轴承的安装精度和工作性能。这种变形会导致轴颈和轴承之间的间隙不均匀，进一步破坏油膜的稳定性，加速轴承的失效。

但总体而言滑动轴承具备多种优良性能，契合风电工况要求，其中自润滑轴承还具备显著的成本优势。滑动轴承由于接触面积大，承载能力、抗冲击能力、运行平稳性显著高于滚动轴承，并且由于取消了滚动体，滑动轴承的径向尺寸更小，适用于结构要求紧凑的场合。因此，滑动轴承优秀的承载性能和环境适应性十分契合风电、核电等大型装备。

2. 航空发动机中的滑动轴承

航空发动机即为飞机等航空航天设备提供动力的装置，能产生推力或拉力，使飞机在大气环境中飞行，主要分为活塞发动机、涡轮喷气发动机、涡轮风扇发动机、涡轮螺旋桨发动机和桨扇发动机等，图3-15所示为航空发动机结构图。

飞机发动机的主轴是核心部件，连接着压气机、燃烧室和涡轮等组件。滑动轴承用于支承主轴，确保其在高速旋转（转速可高达每分钟数万转）时的稳定性。例如，在大型涡轮风扇发动机中，主轴的直径较大，需要能够承受巨大径向和轴向载荷的轴承来支承。滑动

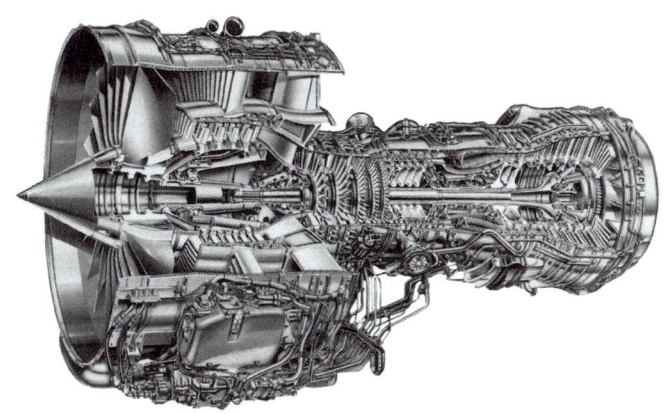

图 3-15 航空发动机结构图

承通过油膜润滑能够有效地承担这些载荷,并且能够适应主轴在不同工况下的变形,保证发动机的正常运转。同时航空发动机有许多辅助设备,如燃油泵、滑油泵、发电机等,这些设备通常通过辅助传动系统与发动机主轴相连。滑动轴承在该传动系统中用于支承各种传动轴,保证这些设备能够稳定地获取动力。在该系统中,由于各个设备的工作转速和负载要求不同,滑动轴承能够根据具体情况提供合适的支承和动力传输,确保辅助设备的正常运行。

航空发动机中的滑动轴承基于流体动力润滑工作。当主轴或传动轴旋转时,由于轴颈和轴承表面的相对运动以及润滑油的黏性,润滑油被带入轴颈和轴承之间的间隙。随着转速的增加,润滑油在间隙中形成具有一定压力的油膜。这层油膜将轴颈和轴承的工作表面隔开,使轴颈在油膜上"悬浮"旋转,从而大大降低了摩擦系数。例如,在正常飞行状态下,发动机内部的滑动轴承摩擦系数可降低到 $0.001 \sim 0.003$,有效减少了能量损失和部件磨损,同时也有助于发动机的高效运行。滑动轴承的油膜不仅可以降低摩擦,还能承载负荷。

3.8.2 滑动轴承轴系结构设计

滑动轴承轴系结构设计是机械工程中的一个关键环节,它直接影响到轴承的承载能力、使用寿命以及机械系统的整体性能。本节介绍滑动轴承轴系结构设计的一些关键要点,图 3-16 所示为轴系结构设计思维导图。

1. 润滑

(1) 润滑油引入　确保润滑油能顺利进入摩擦表面,通常从非承载区引入,以避免油膜中断。润滑油从非承载区引入可以确保油膜的连续性和稳定性,减少干摩擦和磨损。

(2) 油沟设计　避免全环油槽开在轴承中部,剖分轴瓦的接缝处宜开油沟,以确保油环给油充分可靠。合理的油沟设计可以提高润滑油的分布均匀性,防止油膜局部薄弱导致的失效。

2. 轴瓦与轴承座

(1) 结构形式　轴瓦和轴承座一般采用过盈配合,确保轴瓦与轴承座之间没有相对移动。过盈配合可以保证轴瓦与轴承座之间的固定性,减少相对移动带来的磨损和间隙变化。

(2) 材料选择　轴瓦材料应具有良好的减摩性和耐磨性,如巴氏合金,铜基合金等。选择合适的材料可以提高轴承的承载能力和使用寿命,特别是在高载荷和高速工况下。

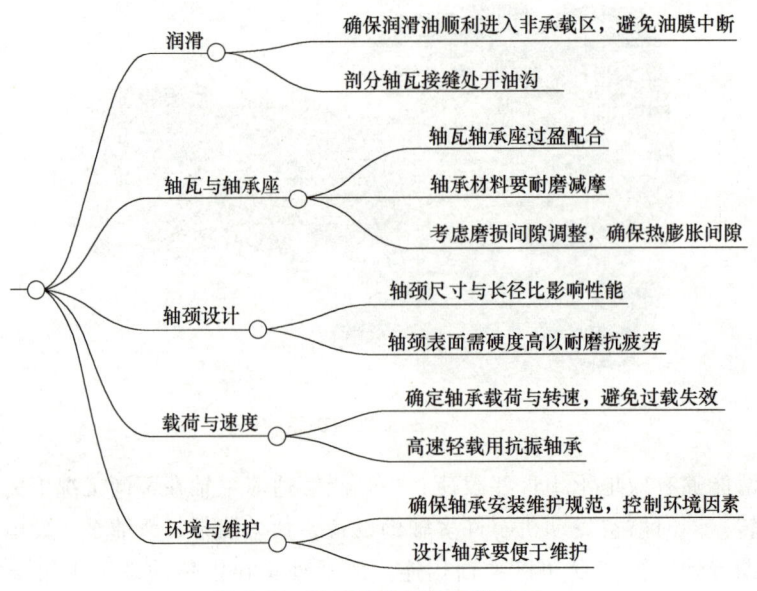

图 3-16 轴系结构设计思维导图

（3）间隙调整　考虑磨损后的间隙调整，确保轴工作时热膨胀所需要的间隙。间隙调整可以补偿轴和轴瓦在使用过程中的磨损，保持稳定的工作性能。

3. 轴颈设计

（1）尺寸确定　轴颈的尺寸包括直径和长度，长径比（l/d）的值应取 0.5~1，具体取决于承载能力和转速。合理的长径比可以优化轴承的承载能力和散热性能，防止温升过高导致润滑失效。

（2）表面处理　轴颈表面要求有足够硬度，以提高耐磨性和抗疲劳性能。表面处理技术如氮化、镀层等可以有效提高轴颈的耐磨性和抗腐蚀性，延长轴承的使用寿命。

4. 载荷与速度

（1）载荷分析　根据实际工况，确定轴承所受的载荷和转速，确保轴承的承载能力大于实际载荷。合理的载荷分析可以避免轴承过载导致的失效，提高系统的可靠性。

（2）速度考虑　高速轻载条件下的轴承要选用抗振性好的轴承，防止失稳。在高速轻载条件下，抗振性好的轴承可以减少振动和噪声，提高设备的稳定性和使用寿命。

5. 环境与维护

（1）环境因素　考虑工作温度对润滑油黏度的影响，确保轴承的安装和维护严格按照规范进行。环境因素对润滑油的性能有重要影响，合理的环境控制可以确保轴承在不同工况下的稳定运行。

（2）维护方便　设计时要考虑轴承的维护和更换方便，避免在维护过程中对轴承造成损伤。易于维护的轴承设计可以减少停机时间，提高设备的使用效率和经济性。

滑动轴承轴系结构设计的关键在于确保润滑油的有效供给、合理的轴瓦与轴承座设计、优化的轴颈尺寸和表面处理、准确的载荷与速度分析以及考虑环境因素和维护方便性。通过这些设计要点，可以显著提高滑动轴承的性能和使用寿命，确保机械系统的稳定运行。

3.8.3 滑动轴承轴系结构设计的最新技术趋势

（1）多点弹性支承方式　这种设计可以吸收和补偿大游隙，提高轴承的承载能力和运行稳定性。例如，两点式支承方式在风电主轴轴承中应用广泛，能够在不拆卸主轴的情况下更换齿轮箱，提高维护效率。

（2）分体式结构　滑动轴承采用分体式结构，故障瓦块可以单独更换，避免拆卸整个转子，减少维护时间和成本。这种设计提高了轴承的可维护性和可靠性。

（3）柔性支承设计　一些研究提出了柔性支承塑料瓦轴承结构和可倾瓦轴承，这些设计能够提高润滑性能和承载能力，适应转子不对中条件下的运行要求。

（4）新型材料应用　探索使用 PEEK 等复合材料，提升滑动轴承的承载性能和耐磨损能力。这些材料具有轻量化、高强度和良好的耐高温性能，适合大功率风电机组的应用需求。

（5）高效润滑系统　优化润滑系统设计，确保润滑油能够有效进入摩擦表面，减少磨损和温升。油气润滑和混合润滑等新型润滑方式在提高轴承寿命和运行效率方面表现出色。

（6）基于润滑原理的新设计标准　构建新的设计标准，开发高效的润滑状态监测系统，以提高滑动轴承的市场竞争力。标准化设计有助于提升产品质量和一致性，降低生产成本和风险。

第 4 章

输送机传动及减速器设计分析实验

4.1 概述

输送机传动系统是输送机的核心组成部分,负责为输送带提供动力,使其能够持续稳定地运输物料。它主要由电动机、联轴器、减速器、传动滚筒、输送带以及张紧装置等部件构成。电动机作为动力源,将电能转化为机械能,为整个传动系统提供动力。联轴器用于连接电动机和减速器的输入轴,起到传递转矩、补偿两轴相对位移以及缓冲减振的作用。减速器能够降低电动机的高转速,同时增大输出转矩,以满足输送带所需的动力要求。传动滚筒是与输送带直接接触的部件,通过摩擦力带动输送带运动,实现物料的输送。张紧装置可保证输送带具有足够的张力,防止输送带在传动过程中出现打滑现象,确保传动系统的稳定运行。

输送机传动系统具有多种类型,根据驱动方式的不同,可分为单滚筒驱动、双滚筒驱动和多滚筒驱动等;按照传动形式,又可分为带式传动、链式传动、齿轮传动等。不同类型的传动系统适用于不同的工况和物料输送要求。例如,带式传动具有传动平稳、噪声低、过载保护能力强等优点,广泛应用于各种轻工业和食品行业;而链式传动则具有承载能力大、传动效率高的特点,常用于矿山、冶金等重工业领域。减速器是由封闭在箱体内的齿轮传动或蜗杆传动组成、具有固定传动比的独立部件。为了提高电动机的效率,原动机提供的回转速度一般比工作机械所需的转速高,因此减速器常安装在机械的原动机与工作机之间,用以降低输入的转速并相应地增大输出的转矩,在机器设备中被广泛采用。减速器具有传动比固定、结构紧凑、机体封闭并有较大刚度、传动可靠等特点。某些类型的减速器已有标准系列产品,由专业工厂成批生产,可以根据使用要求选用;在传动装置、结构尺寸、功率、传动比等有特殊要求,选择不到适当的标准减速器时,可自行设计制造。

机械类、近机械类专业的学生有必要熟悉减速器的类型、结构与设计。本实验的主要目的是了解减速器的结构、主要零件的加工工艺性,对于详细的减速器技术设计过程将在机械设计(基础)课程设计这门课程中予以介绍。

4.1.1 减速器的类型

减速器按用途分为通用减速器和专用减速器两大类。依据齿轮轴线相对于机座的位置固定与否，又分为定轴传动减速器（通用减速器）和行星齿轮减速器。本实验介绍定轴传动的通用减速器，这类减速器又分为齿轮减速器、蜗杆减速器、蜗杆齿轮减速器三类，每一类又有单级和多级之分。几种常用减速器的类型、特点及应用介绍如下。

1. 齿轮减速器

齿轮减速器传动效率高、工作可靠、寿命长、维护简便，因而应用很广泛。但受外廓尺寸及制造成本的限制，其传动比不能太大。常用减速器的类型、特点及应用见表4-1。

表4-1 常用减速器的类型、特点及应用

类型		简图	推荐传动比	特点及应用
单级圆柱齿轮减速器			3~5	轮齿可为直齿、斜齿或人字齿，箱体通常用铸铁铸造，也可用钢板焊接而成。轴承常用滚动轴承，只有重载或特高速时才用滑动轴承
双级圆柱齿轮减速器	展开式		8~40	高速级常为斜齿，低速级可为直齿或斜齿。由于齿轮相对轴承布置不对称，要求轴的刚度较大，并使转矩输入、输出端远离齿轮，以避免因轴的弯曲变形引起载荷沿齿宽分布不均匀。结构简单，应用最广
	分流式		8~40	一般采用高速级分流。由于齿轮相对轴承布置对称，因此齿轮和轴承受力较均匀。为了使轴上总的轴向力较小，两对齿轮（斜齿轮）的螺旋线方向应相反。结构较复杂，常用于大功率、变载荷的场合
	同轴式			减速器的轴向尺寸较大，中间轴较长，刚度较差。当两个大齿轮浸油深度相近时，高速级齿轮的承载能力不能充分发挥。常用于输入和输出轴同轴线的场合
单级锥齿轮减速器			2~4	传动比不宜过大，以减小锥齿轮的尺寸，利于加工。仅用于两轴线垂直相交的传动中
锥齿轮圆柱齿轮减速器			8~15	锥齿轮应布置在高速级，以减小锥齿轮的尺寸。锥齿轮可为直齿或曲线齿。圆柱齿轮多为斜齿，使其能与锥齿轮的轴向力抵消一部分

(续)

类型	简图	推荐传动比	特点及应用
蜗杆减速器		10~80	结构紧凑,传动比大,但传动效率低,适用于中小功率、间隙工作的场合。当蜗杆圆周速度 $v \leq 4\text{m/s}$ 时,蜗杆为下置式,润滑冷却条件较好;当 $v > 4\text{m/s}$ 时,油的搅动损失较大,一般蜗杆为上置式
蜗杆齿轮减速器		60~90	传动比大,结构紧凑,但效率低

2. 蜗杆减速器

蜗杆减速器结构紧凑、传动比大、工作平稳、噪声较小,但传动效率低。这类减速器有下蜗杆式减速器、侧蜗杆式减速器、上蜗杆式减速器和双级蜗杆减速器等几种。

3. 蜗杆齿轮减速器

蜗杆齿轮减速器兼有蜗杆减速器和齿轮减速器的传动特点,通常把蜗杆传动作为高速级,因为在高速时,蜗杆传动的效率较高。

4.1.2 减速器的结构

减速器的种类繁多,但其基本结构是由箱体、轴系零件和减速器附件三部分组成。图 4-1 所示为单级圆柱齿轮减速器结构图。

1. 箱体

箱体是减速器中所有零件的基座,用来支承和固定轴系零件,保证传动零件的啮合精度、良好润滑及密封,其质量约占减速器总质量的 50%。因此,箱体结构对减速器的工作性能、加工工艺、材料消耗、质量及成本等有很大影响,设计时必须全面考虑。

为保证传动件轴线相互位置的正确性,箱体上的轴孔必须精确加工。箱体一般还兼作润滑油的油箱,具有充分润滑和很好地密封箱内零件的作用。为保证具有足够的强度和刚度,箱体要有一定的壁厚,并在轴承座孔处设置肋板,以免引起沿齿轮齿宽上载荷分布不匀。

为了便于轴系零件的安装和拆卸,箱体通常制成剖分式结构。箱体分成箱座和箱盖两部分。剖分面一般取在轴线所在的水平面内(即水平剖分),以便于加工。剖分面之间不允许用垫片或其他填料(必要时为了防止漏油,允许在安装时涂一层水玻璃或密封胶薄膜),否则会破坏轴承和孔的配合精度。箱盖和箱座之间用螺栓连接成一整体,为了使轴承座旁的连接螺栓尽量靠近轴承座孔,并增加轴承座的刚度,应在轴承座旁制出凸台。设计螺栓孔位置时,应注意留出足够的扳手空间。箱体通常用灰铸铁(HT150 或 HT200 等)铸成,对于受冲击载荷的重型减速器也可采用铸钢箱体。单件生产时为了简化工艺,降低成本可采用钢板焊接箱体。图 4-2 所示为二级圆柱齿轮减速器,图 4-3 所示为二级锥齿轮圆柱齿轮减速器。

第4章 输送机传动及减速器设计分析实验

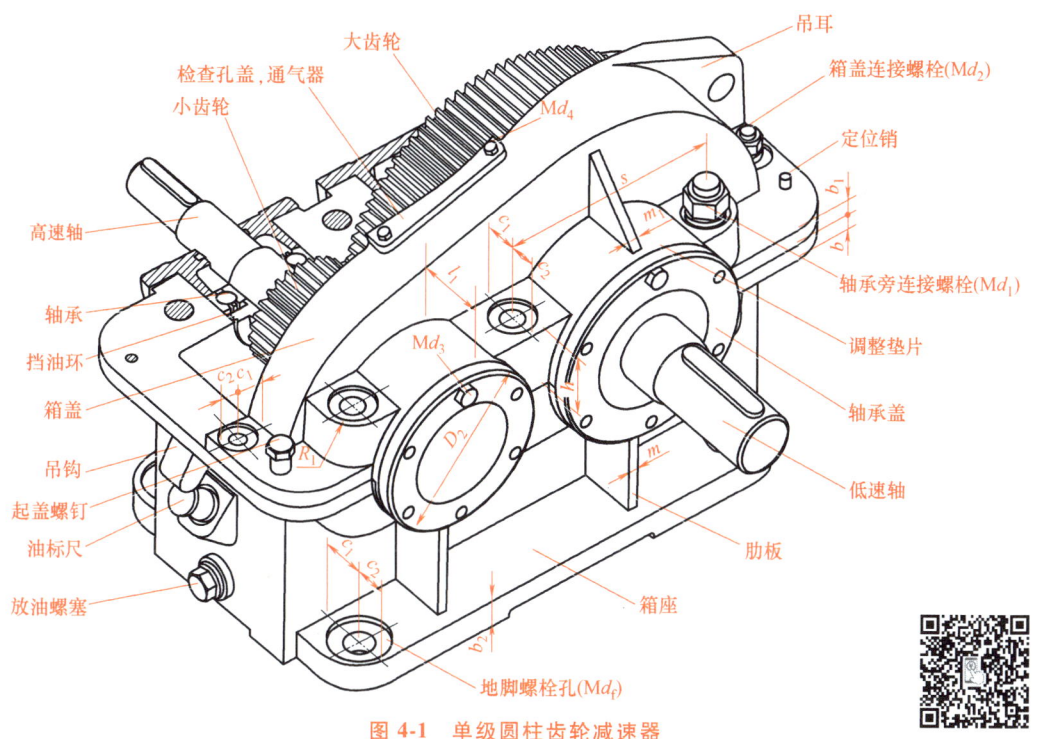

图 4-1 单级圆柱齿轮减速器

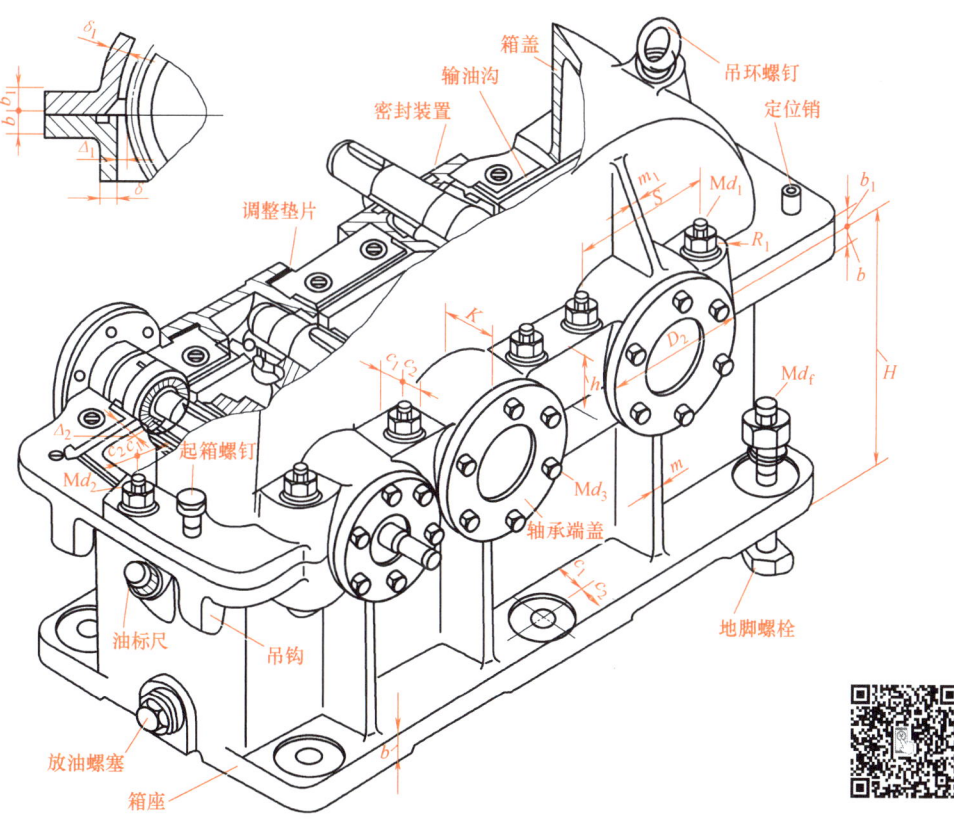

图 4-2 二级圆柱齿轮减速器

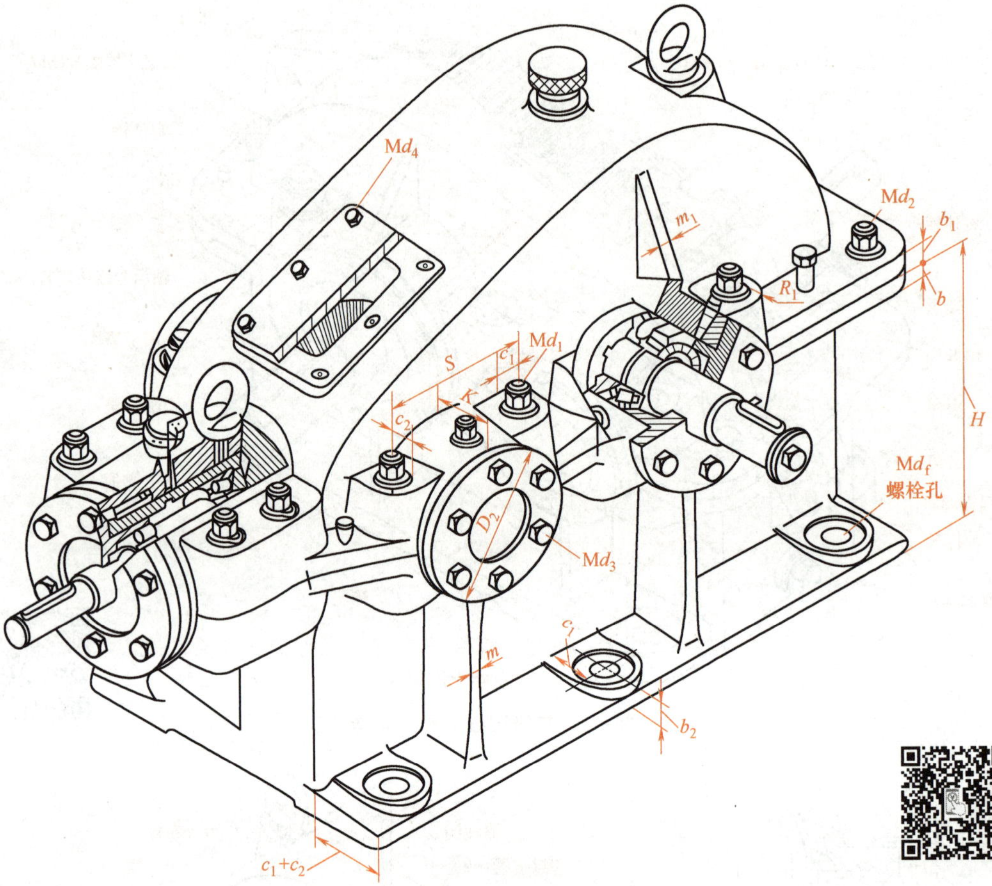

图 4-3 二级锥齿轮圆柱齿轮减速器

2. 轴系零件

轴系零件包括传动件（直齿轮、斜齿轮、锥齿轮、蜗杆等）、支承件（轴、轴承等）及这些传动件和支承件的固定件（键、套筒、垫片、轴承盖等）。

（1）轴　减速器中的齿轮、轴承、蜗轮、套筒等都需要安装在轴上，为使轴上零件安装、定位方便，大多数轴需制作成阶梯状。轴的设计应满足强度和刚度的要求，对于高速运转的轴要注意振动稳定性的问题。轴的结构设计应保证轴和轴上零件有确定的工作位置，轴上零件应便于装拆和调整，轴应具有良好的制造工艺性。轴的材料一般采用碳钢和合金钢。

（2）齿轮　由于齿轮传动具有传动效率高、传动比恒定、结构紧凑、工作可靠等优点，减速器都采用齿轮传动。齿轮采用的材料有锻钢、铸钢、铸铁、非金属材料等。一般用途的齿轮常采用锻钢，经热处理后切齿，用于高速、重载或精密仪器的齿轮还要进行磨齿等精加工；当齿轮的直径较大时采用铸钢；速度较低、功率不大时用铸铁；高速轻载和精度要求不高时可采用非金属材料。若高速级的小齿轮直径和轴的直径相差不大时，将小齿轮与轴制成一体。大齿轮与轴分开制造，用普通平键做周向固定。

图 4-1 中的齿轮传动采用油池浸油润滑，大轮齿的轮齿浸入油池中，靠它把润滑油带到啮合处进行润滑。多级传动的高速级齿轮也可采用带油轮、溅油环来润滑，也可把油池按高、低速级传动隔开，并按各级传动的尺寸大小分别决定相应的油面高度。

(3) 轴承　绝大多数中、小型减速器都是采用滚动轴承作为支承。轴承端盖与箱体座孔外端面之间垫有调整垫片组，以调整轴承游隙，保证轴承正常工作。当滚动轴承采用油润滑时，需保证油池中的油能飞溅到箱体的内壁上，再经箱盖斜口、输油沟流入轴承。为使箱盖上的油导入油沟，应将箱盖内壁分箱面处的边缘切出边角。当滚动轴承采用脂润滑时，为防止箱体内的润滑油进入轴承和润滑脂流失，应在轴承和齿轮之间设置挡油环。为防止箱内润滑油泄漏以及外界灰尘、异物进入箱体，轴外伸的轴承端盖孔内应装有密封元件。

(4) 轴承盖　为固定轴承、调整轴承游隙并能承受轴向载荷，轴承座孔两端用轴承盖封闭。轴承盖有嵌入式和凸缘式两种。嵌入式轴承盖结构紧凑，质量小，但承受轴向力的能力差，不易调整。凸缘式轴承盖应用较普遍，可承受较大的轴向力，但结构尺寸较大。

3. 减速器附件

(1) 定位销　在精加工轴承座孔前，在箱盖和箱座的连接凸缘上要配装定位销（图4-4），以保证箱盖和箱座的装配精度，同时也保证了轴承座孔的精度。两定位圆锥销应设在箱体纵向两侧连接凸缘上，距离较远且不宜对称布置，以加强定位效果。定位销长度要大于连接凸缘的总厚度，定位销孔应为通孔，便于装拆。

(2) 检查孔（观察孔）盖板　为检查传动零件的啮合情况，并向箱体内加注润滑油，在箱盖顶部的适当位置设置一观察孔（图4-5），观察孔多为长方形，观察孔盖板平时用螺钉固定在箱盖上，盖板下垫有纸质密封垫片，以防漏油。

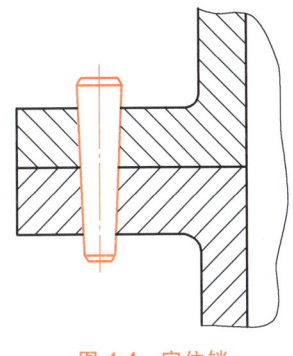

图 4-4　定位销

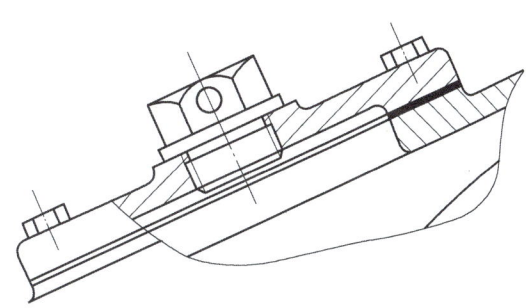

图 4-5　通气器及检查孔盖板

(3) 通气器　通气器用来沟通箱体内外的气流，使箱体内的气压不会因减速器运转时的油温升高而增大，从而也提高了箱体分箱面、轴伸出端缝隙处的密封性能。通气器多装在箱盖顶部或观察孔盖上（图4-5），以便箱内的膨胀气体自由逸出。

(4) 油标　为了检查箱体内的油面高度，及时补充润滑油，应在油箱便于观察和油面稳定的部位装设油标。油标的形式有油标尺、管状油标、圆形油标等，常用的是带有螺纹的油标尺（图4-6）。油标尺的安装位置不能太低，以防油从该处溢出。油标座孔的倾斜位置要保证油标尺便于插入和取出。油标尺构造简单，通过油标尺上的两条刻线来检查油面的合适位置。如果油标尺上的油印高于上线，表明油面高于规定位置；若油印低于下线，表明油量太少，需要补充油。

(5) 放油螺塞　减速器工作一段时间后，其内部的润滑油需要进行更换。为使减速器中的污油和清洗剂能顺利排放，放油孔应开在油池的最低处，油池底面有一定斜度，放油孔座应设有凸台，放油螺塞和箱体接合面之间应加防漏垫圈，图4-7所示为放油螺塞及其安装位置。

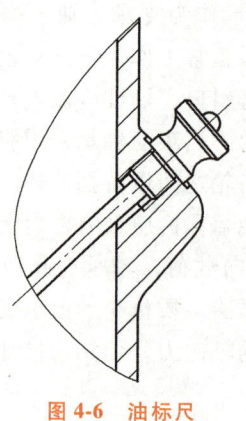

图 4-6 油标尺

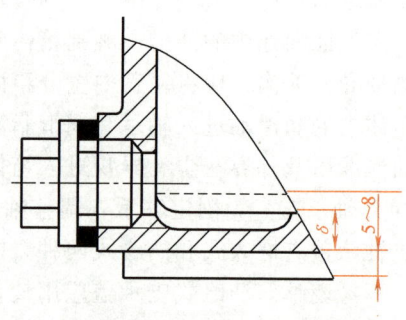

图 4-7 放油螺塞及其安装位置

（6）起盖螺钉　装配减速器时，常常在箱盖和箱座的接合面处涂上水玻璃或密封胶，以增强密封效果，但却给开启箱盖带来困难。为此，在箱盖的连接凸缘上开设螺纹孔，并拧入起盖螺钉（图 4-8），螺钉的螺纹段高出凸缘厚度。开启箱盖时，拧动起盖螺钉，迫使箱盖与箱座分离。

（7）起吊装置　为了便于减速器的搬运，需在箱体上设置起吊装置。一般在箱盖上铸有吊耳（图 4-9），设在箱盖两侧的对称面上，用于起吊箱盖。箱座上铸有吊钩（图 4-9），用于吊运整台减速器，在箱座两端的凸缘下面铸出。对于质量不大的中、小型减速器，也允许用箱盖上的吊耳、吊环等来起吊整台减速器。

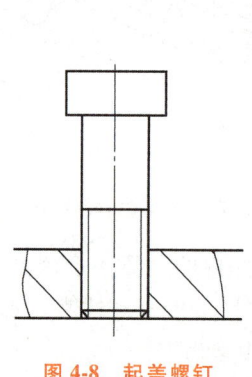

图 4-8 起盖螺钉

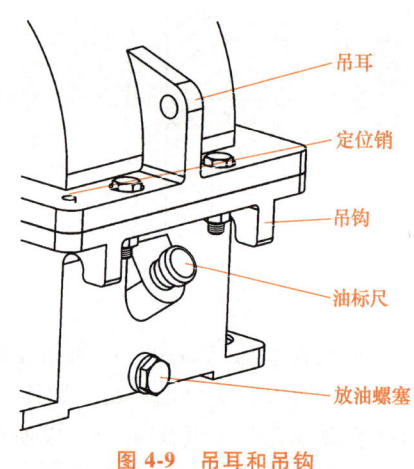

图 4-9 吊耳和吊钩

4.2 预习作业

1）齿轮减速器的箱体为什么沿轴线平面做成剖分式结构？
2）起盖螺钉的作用是什么？它与普通螺钉结构有什么不同？
3）箱体上的螺栓连接处均做成凸台或沉孔，为什么？
4）如果在箱盖、箱座上不设置定位销会产生什么样的严重后果？为什么？
5）铸造成型的箱体最小壁厚是多少？如何减小其质量及减少表面加工面积？

6）减速器箱体上有哪些附件？它们的安装位置有何要求？

4.3 实验目的

1. 深入理解带式输送机的工作原理

通过实际操作和观察带式输送机的运行，让学生清晰地掌握带式输送机的基本结构组成，包括输送带、滚筒、驱动装置等部件的功能以及它们之间的相互协作关系，从而深入理解其物料输送的工作原理。

2. 熟悉减速器的结构与工作原理

通过对减速器的拆解、组装和运行观察，深入了解减速器的内部结构，包括齿轮、轴、轴承、箱体等部件的构造和相互连接方式，明确其通过齿轮传动实现减速和增矩的工作原理，具体如下。

1）熟悉减速器的基本结构，了解常用减速器的用途及特点。
2）了解减速器各组成零件的结构及功能，并分析其结构工艺性。
3）了解减速器中各零件的定位方式、装配顺序及拆卸的方法和步骤。
4）了解轴承及其间隙的调整方法、密封装置等。
5）学习减速器的主要参数测定方法。
6）观察齿轮、轴承的润滑方式。
7）熟悉减速器附件及其结构、功能和安装位置。

3. 培养创新与优化能力

基于实验结果，鼓励学生对减速器的结构、材料、传动方式等方面进行创新和优化，探索提高减速器传动效率、降低噪声和振动、延长使用寿命的新方法和新技术，培养学生的创新思维和工程实践能力。

4.4 实验设备及工具

4.4.1 JSQ-ZK 输送机传动及减速器拆装综合设计实验台

图 4-10 所示为 JSQ-ZK 输送机传动及减速器拆装综合设计实验台结构示意图。主要由以下几部分组成。

1. 测量部分（1.0）

减速器输出轴通过铝合金梅花联轴器与动态扭矩测试仪的输入轴连接，由动态扭矩测试仪读出实时转矩、功率和转速等参数。采用 DYN-200 动态扭矩测试仪，详细介绍见附录。

2. 驱动部分（2.0）

驱动部分主要由伺服电动机、行星减速器组成，通过电动机座和调整支座安装在实验平台上。

3. 第一级传动部分（3.0）

第一级传动由小带轮、带和大带轮组成，另外可根据需要换成链传动。

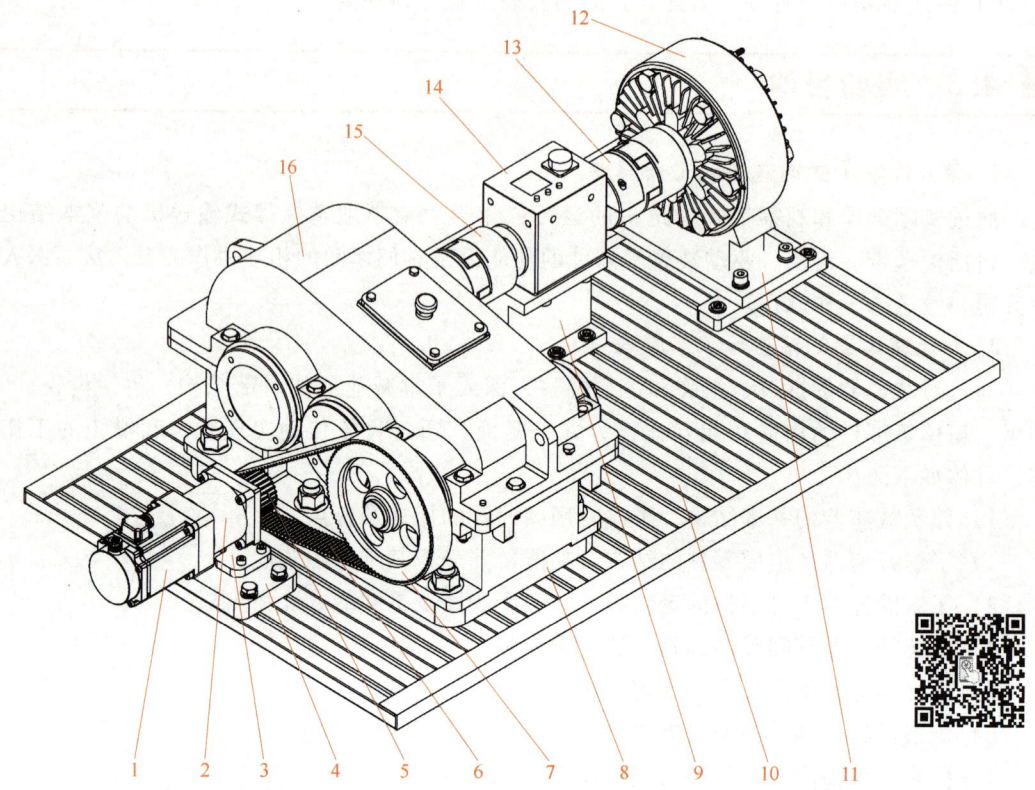

图 4-10 JSQ-ZK 输送机传动及减速器拆装综合设计实验台结构示意图

1—伺服电动机 2—行星减速器 3—电动机座 4—调整支座 5—小带轮 6—带 7—大带轮
8—减速器垫板 9—动扭大支座 10—实验平台 11—制动器支座 12—磁粉制动器
13—梅花联轴器 A 14—动态扭矩测试仪 15—梅花联轴器 B 16—减速器

4. 第二级传动部分（4.0）

第二级传动由各种减速器组成，通过减速器垫板固定在实验台上。

5. 负载部分（5.0）

负载部分由 FZJ25 磁粉制动器和 LYD-Ⅲ型张力控制仪组成，通过制动器支座安装在实验平台上，仪器详情见附录。

6. 工控机及配套软件部分（6.0）

将实验台各传感器数据实时采集和分析处理，并能在工控机上显示动态曲线和各参数实时数据，方便观察分析实验过程及特征。同时用户可通过交互按钮，设置各项参数，手动、自动采集关键点数据，并自动保存在内部数据列表内，可随时查看历史数据列表。

4.4.2 几种常用减速器

1. 单级圆柱齿轮减速器

单级圆柱齿轮减速器如图 4-11 所示。

2. 二级圆柱齿轮减速器

二级展开式圆柱齿轮减速器如图 4-12 所示。

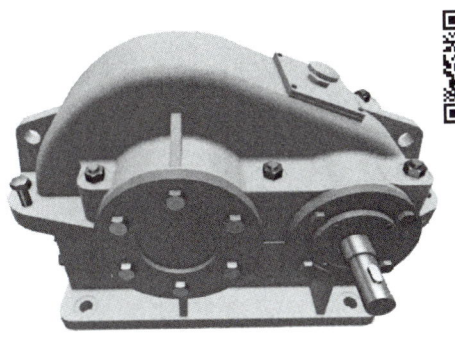

图 4-11　单级圆柱齿轮减速器

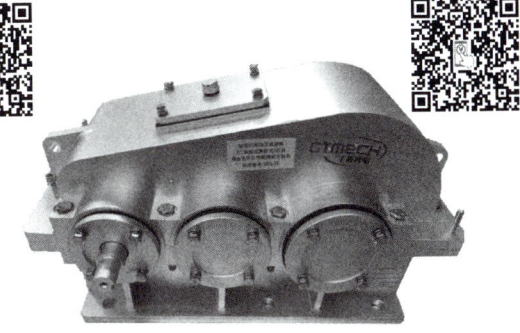

图 4-12　二级展开式圆柱齿轮减速器

3. 二级圆锥圆柱齿轮减速器

二级圆锥圆柱齿轮减速器如图 4-13 所示。

4. 蜗轮蜗杆减速器

蜗轮蜗杆减速器如图 4-14 所示。

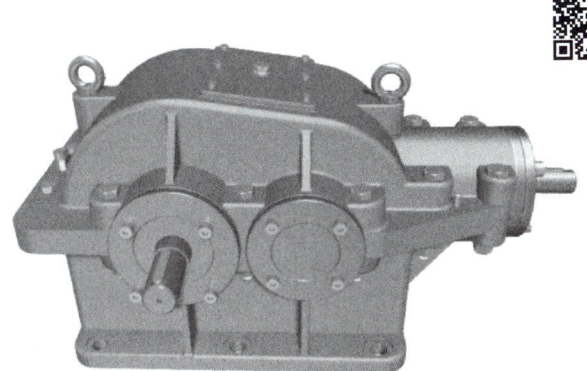

图 4-13　二级圆锥圆柱齿轮减速器

图 4-14　蜗轮蜗杆减速器

4.4.3　实验工具

1) 拆装工具：活扳手、套筒扳手、锤子、螺丝刀等。
2) 测量工具：内外卡钳、游标卡尺、钢直尺等。
3) 学生自备铅笔、橡皮、三角板、草稿纸等。

4.5　实验内容及步骤

（1）掌握带式输送机的工作原理　通过实际操作和观察带式输送机的运行，掌握带式输送机的基本结构组成及其物料输送的工作原理，包括输送带、滚筒、驱动装置等部件的功能以及它们之间的相互协作关系。

（2）观察、熟悉减速器的外部结构

1) 了解减速器的名称、类型、代号、使用场合、总减速比。
2) 了解减速器的结构形式（单级、双级或三级；展开式、分流式或同轴式；卧式或立式；圆柱齿轮、锥齿轮或蜗杆减速器）。

3）了解箱体上附件的结构形式、布置及其功用，注意观察下列各附件：观察孔、观察孔盖板、通气器、吊耳、吊钩、油标尺、放油螺塞、定位销、起盖螺钉等。

4）观察螺栓凸台的位置（并注意扳手空间是否合理）、轴承座加强肋的位置及结构、减速器箱体的铸造工艺特点以及加工方法等。

（3）打开观察孔盖，转动高速轴，观察齿轮的啮合情况 用手来回转动减速器的输入、输出轴，体会轴向窜动，用手感受齿轮啮合的侧隙。

（4）按下列次序打开减速器，取下的零件按次序放好，便于装配、避免丢失

1）观察定位销所在的位置，取出定位销。

2）拧下轴承端盖螺钉，取下端盖及调整垫片。卸下箱盖与箱座的连接螺栓。

3）用起盖螺钉将箱盖与箱体分离。利用起吊装置取下箱盖，并翻转180°一旁放置平稳，以免损坏接合面。

（5）观察箱体内轴及轴系零件的结构情况，画出传动示意图

1）所用轴承类型（记录轴承型号），轴和轴承的布置情况。

2）轴和轴承的轴向固定方式，轴向游隙的调整方法。

3）齿轮（或锥齿轮或蜗轮）和轴承的润滑方式，在箱体的剖分面上是否有输油沟或回油沟。

4）外伸部位的密封方式（外密封），轴承内端面处的密封方式（内密封）。

思考如下问题：

箱盖与箱座接触面上为什么没有密封垫片？是如何解决密封问题的？若箱盖、箱座的分箱面上有输油沟，则箱盖应采取怎样的相应结构才能使飞溅到箱体内壁上的油流入箱座上的输油沟中？输油沟有几种加工方法？加工方法不同时，油沟的形状有何异同？为了使润滑油经输油沟后进入轴承，轴承盖的结构应如何设计？轴承在轴承座上的安放位置离箱体内壁有多大距离，当采用不同的润滑方式时距离应如何确定？在何种条件下滚动轴承的内侧要用挡油环或封油环？其作用原理、构造和安装位置如何？观察箱内零件间有无干涉现象，并观察结构中是如何防止和调整零件间相互干涉的？

（6）装拆轴上零件，并按取下零件的顺序依次放好

1）详细观察齿轮、轴承、挡油环等零件的结构，分析轴上零件的轴向、周向定位方法。

2）了解轴的结构，注意下列轴各结构要素的形式及功用：轴头、轴颈、轴身、轴肩、轴肩圆角、轴环、倒角、键槽、螺纹、退刀槽、砂轮越程槽、配合面、非配合面等。

3）测量阶梯轴的各段直径和长度。

4）绘出一根轴及轴上零件的结构草图（要求：大致符合比例、包含尺寸）。

思考如下问题：

各级传动轴为什么要设计成阶梯轴，不设计成光轴？设计阶梯轴时应考虑什么问题？观察轴上大、小齿轮结构，了解在大齿轮上为什么要设计工艺孔？其目的是什么？采用直齿圆柱齿轮或斜齿圆柱齿轮传动，各有什么特点？其轴承在选择时应考虑什么问题？观察输入轴、输出轴的伸出端与端盖采用什么形式的密封结构？

（7）利用钢直尺、游标卡尺等简单工具，测量箱体及主要零部件的相关参数与尺寸

将下列测量结果记录在实验报告相应的表格中。

1）确定各齿轮的齿数，求出各级分传动比及总传动比。
2）测出中心距，并根据公式计算出齿轮的模数，以及斜齿轮螺旋角的大小。
3）测量各齿轮的齿宽，算出齿宽系数。观察并考虑大、小齿轮的齿宽是否应完全相等。
4）齿轮与箱壁间的距离。
5）测量各螺栓、螺钉直径，根据实验报告的要求测量其他相关尺寸。

（8）按先内后外的顺序将减速器装配好
1）将轴上零件依次装配好并放入箱座中。
2）装上轴承端盖并将螺钉拧入箱座（注意不要拧紧）。
3）装好箱盖（先旋回起盖螺钉再合箱），打入定位销。
4）旋入箱盖上的轴承端盖螺钉（也不要拧紧）。
5）装入箱盖与箱座连接螺栓并拧紧，拧紧轴承端盖螺钉。
6）装好放油螺塞、观察孔盖等附件。
7）用手转动输入轴，检查减速器转动是否灵活，若有故障应给予排除。
（9）实验设备的清理　整理工具，经指导老师检查后，才能离开实验室。

4.6　注意事项和常见问题

1. 注意事项

1）切勿盲目拆装，拆卸前要仔细观察零部件的结构及位置，考虑好合理的拆装顺序，拆下的零部件要妥善放置，以免丢失。
2）拆装过程中要互相配合与关照，做到轻拿轻放零件，以防砸伤手脚。
3）注意保护拆开的箱盖、箱座的接合面，防止碰坏或擦伤。
4）可拆可不拆的零件尽量不拆卸。

2. 常见问题

1）在拆卸过程中，学生常用锤子或其他工具直接砸击难拆卸的零件，易造成零件变形、损坏，此时应小心仔细拆卸。
2）在减速器箱体尺寸测量过程中，因分辨不清箱体上某些部位的名称术语，导致测量结果错误。

4.7　工程实践

减速器是在原动机和工作机或执行机构之间起降低转速、传递动力、增大转矩的一种独立的传动装置，在现代机械中应用极为广泛。减速器主要由传动零件、轴、轴承、箱体、附件等组成，按用途可分为通用减速器和专用减速器两大类。选用减速器时应根据工作机的选用条件、技术参数、动力机的性能、经济性等因素，比较不同类型、品种减速器的外廓尺寸、传动效率、承载能力、质量、价格等，选择出最适合的减速器。

4.7.1 冲压式蜂窝煤成型机用减速器

冲压式蜂窝煤成型机是生产蜂窝煤的主要设备（图4-15a），这种设备由于具有结构合理、质量可靠、成型性能好、经久耐用和维修方便等优点而被广泛使用。目前国内生产的蜂窝煤成型机结构基本一致，原理基本相同。

冲压式蜂窝煤成型机原理示意图如图4-15b所示，其功能是将煤粉加入转盘的模筒内，经冲头冲压成蜂窝煤。为了实现蜂窝煤冲压成型，冲压式蜂窝煤必须完成的动作包括：①加料，可利用煤粉的重力打开料斗自动加料；②冲压成型，冲头上下往复运动，在冲头行程的二分之一进行冲压成型；③脱模，卸料盘上下往复移动，将已冲压成型的煤饼压下去而脱离模筒。一般可以将模筒与冲头固结在上下往复移动的滑梁上；④扫屑，在冲头、卸料盘向上移动过程中用扫屑刷将煤粉扫除；⑤工作盘间歇运动，以完成冲压、脱模和加料三个工位的转换；⑥输送，将成型的煤饼脱模后落在输送带上送出成品，以便装箱待用。

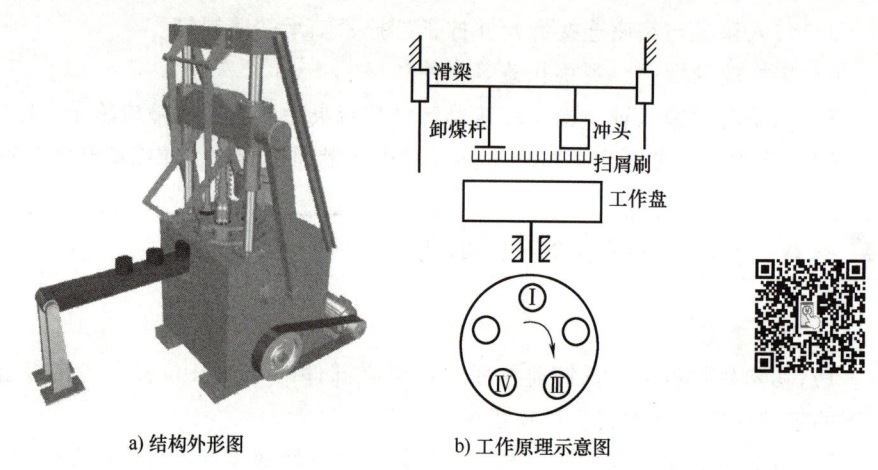

a) 结构外形图   b) 工作原理示意图

图4-15 蜂窝煤成型机及原理示意图

（1）冲压式蜂窝煤成型机的工作原理　滑梁做往复直线运动，带动冲头和卸煤杆完成压实成型和蜂窝煤脱模动作。工作盘上有多个模孔，Ⅰ为上料工位，Ⅲ为冲压工位，Ⅳ为卸料工位，工作盘间歇转动，以完成上料、冲压、脱模的转换。扫屑刷在冲头和卸煤杆退出工作盘后，在冲头和卸煤杆下扫过，以清除其上面的积屑；此外，还有型煤运出的输送带部分。

（2）冲压式蜂窝煤成型机的传动系统　其常用的传动系统有齿轮传动、行星齿轮传动、蜗杆传动、带传动、链轮传动等，根据设备的整体布置和各类减速装置的传动特点，一般选用二级减速。第一级采用带减速，带传动为柔性传动，具有过载保护、噪声低，并且适用于中心距较大的场合；第二级采用减速器齿轮减速，因斜齿轮较直齿轮具有传动平稳、承载能力高等优点，故在冲压式蜂窝煤成型机的减速器中大多采用斜齿轮传动。

4.7.2 带式输送机用减速器

输送机械是一种连续、匀速、平稳的运输物料机器设备，常见的主要有带式输送机、螺旋输送机和气垫输送机等。带式输送机是输送物料的主要设备之一，具有结构简单、工作平稳及适应性强等特点。近年来，随着科技的进步，人工智能、大数据等技术被广泛地应用于建筑、电力、机械等多个领域，带式输送机结构已经基本定型，主要分为机械结构和电气控制两个部分。机械结构一般由五大部分组成，主要包括机头、机身、机尾、输送带和各种附属装置。机头主要由电动机、驱动滚筒、变频器、传动装置等组成；机身由机架和托辊构成；机尾包含拉紧装置、制动装置以及改向滚筒。电气控制主要包括 PLC 控制柜、跑偏开关以及各种传感器。图 4-16 所示为带式输送机的结构外形图。

图 4-16　带式输送机的结构外形图

输送机滚筒按功能可划分为驱动滚筒与改向滚筒两种，这两种滚筒的调整对于输送带跑偏的调整具有重要影响。其中驱动滚筒是用于传递动力的主要构件，改向滚筒的作用是改变输送带的运行方向或增加输送带与驱动滚筒间的围包角。输送带是带式输送机承载和输送物料的主要部件，不仅需要足够强度，还需有一定的承载能力。托辊作为带式输送机中数量最多的部件，主要用来支承输送带和物料的质量。托辊的选型和安装间距对于输送机的稳定运行至关重要。进料口多采用缓冲托辊，以降低物料对输送带的压力，延长输送带的使用寿命，其他地方一般采用槽形托辊，有时为了抑制输送带跑偏还会采用调心托辊。输送机的正常运行离不开机尾的拉紧装置，拉紧装置主要用于保证输送带具有足够的拉力以保持物料的稳定运行。常见的拉紧装置有三种：螺旋式、垂直重锤式和张紧绞车式。

带式输送机的工作原理：在上、下托辊支承和牵引的作用下，输送带绕过头、尾两个滚筒形成闭合回路，通过拉紧装置将其拉紧，在电动机的驱动下依靠输送带与驱动滚筒间的摩擦力实现输送带的连续运转，从而使物料稳定运输到目的地。带式输送机的电动机一般选用国家标准规定的异步电动机，其转速较快，大部分场合下均需使用减速器对电动机转速进行降速；减速器的选型涉及减速比，输入/输出功率，转矩等多方面的因素，具体设计选型方案可参考相关书籍资料。

带式输送机的安全运行对于物料的高效运输至关重要。目前输送机普遍停留在自动化阶段，主要运用多传感器融合技术和设置部件正常运行的参数范围对输送机健康状态进行监测。由于在实际工况中，输送机故障成因复杂，有时并不是单一原因造成，会出现故障漏报、误报的现象；并且当故障出现时，大多都是停机进行人工检修，这极大降低了运输效率，增加了企业成本。加上实际运输过程中物料分布不均匀，若始终以恒定速度运行，在出现轻载或空载时，容易造成能源浪费现象。基于以上问题，目前对带式输送机的智能化研究越来越广泛。

4.7.3　发展趋势

（1）智能化　随着人工智能、物联网等技术的不断发展，输送机传动系统正朝着智能化方向发展。通过在传动系统中安装传感器和智能控制系统，可以实时监测系统的运行状态，如温度、振动、转矩等参数，并根据监测数据进行故障诊断和预测性维护。同时，智能控制系统还可以根据物料的输送量和输送速度自动调整电动机的转速和输出功率，实现节能降耗的目的。

（2）高效节能　在能源日益紧张的背景下，提高输送机传动系统的效率、降低能耗成为重要的发展趋势。采用高效节能的电动机、优化传动系统的结构设计以及采用先进的控制策略等措施，可以有效提高传动系统的效率，降低能源消耗。例如，采用永磁同步电动机代替传统的异步电动机，可以提高电动机的效率和功率因数；采用多驱动滚筒协同驱动的方式，可以降低单个驱动滚筒的驱动功率，提高传动系统的整体效率。

（3）轻量化和紧凑化　为了降低输送机的制造成本和安装空间，传动系统正朝着轻量化和紧凑化的方向发展。采用新型材料和先进的制造工艺，如高强度合金钢、铝合金等材料，以及优化传动部件的结构设计，可以在保证传动系统性能的前提下，减小部件的尺寸和质量。同时，采用集成化的设计理念，将多个传动部件集成在一起，也可以有效减小传动系统的体积和安装空间。

（4）环保化　随着环保意识的不断提高，输送机传动系统的环保性能也越来越受到关注。采用环保型的润滑剂和密封材料，可以减少传动系统在运行过程中的泄漏和污染；优化传动系统的噪声控制措施，降低运行噪声，进而减少对工作环境的影响。此外，还可以采用可再生能源，如太阳能、风能等，为输送机传动系统提供动力，实现能源的可持续利用。

第5章

带传动的滑动和效率测定实验

5.1 概述

带传动具有结构简单、传动平稳、传动距离大、造价低廉以及缓冲吸振等特点，在近代机械中被广泛应用。例如，汽车、收录机、打印机等各种机械中都采用了不同形式的带传动。由于一般的带传动是依靠带与带轮间的摩擦力来传递运动和动力的，而摩擦会产生静电，因此带传动不宜用于有大量粉尘的场合。

5.1.1 带传动的类型

（1）平带传动　平带的横截面为矩形，工作时带的内表面与带轮的轮缘表面接触。平带传动结构简单，带轮制造容易，平带柔软，挠性好，可用于较大中心距的传动，但其传动效率相对较低，传递功率较小。常见的有普通平带、编织平带等。

（2）V带传动　V带的横截面为等腰梯形，工作时带的两侧面与带轮的V形槽侧面接触。由于V带与带轮槽之间的摩擦力是平带的数倍，所以V带传动能传递较大的功率，传动效率较高，结构紧凑，应用广泛。常见的有普通V带、窄V带等。

（3）同步带传动　同步带是一种带齿的传动带，它与带轮上的齿槽相啮合，实现无滑动的同步传动。同步带传动能保证准确的传动比，传动效率高，结构紧凑，多用于要求传动比准确的场合，如数控机床、电子设备等。

5.1.2 带传动的设计方法和步骤（以V带传动为例）

（1）确定设计功率　设计功率是根据工作机所需功率和工作情况系数来确定的，需要考虑工作机的负载性质和工作时间等因素对带传动的影响。

（2）选择V带的带型　根据设计功率和小带轮转速，查V带选型图，选择合适的带型。

（3）确定带轮的基准直径　初选小带轮基准直径。每种带型都有推荐的最小基准直径，为了减小带的弯曲应力，提高带的使用寿命，应选取大于或等于最小基准直径的标准值作为小带轮基准直径。

（4）计算大带轮基准直径　根据传动比计算大带轮基准直径，并圆整为标准值。同时，要注意带轮直径的尺寸系列应符合国家标准。

（5）验算带的速度　一般要求带速在 $5m/s \leqslant v \leqslant 25m/s$ 范围内。若带速过高，带的离心力增大,会降低带与带轮间的摩擦力,导致传动能力下降;若带速过低,传递相同功率时所需的有效拉力增大,可能使带的根数增多。

(6) 确定中心距和带的基准长度　根据传动装置的结构要求和空间限制,初步确定中心距;根据初定中心距和带轮直径,计算带的基准长度;选取标准带长;将计算出的基准长度与标准带长系列进行比较,选取相近的标准带长;计算实际中心距。

(7) 计算小带轮包角　包角越大,带与带轮间的接触弧长越长,摩擦力越大,传动能力越强。一般要计算小带轮包角,若不满足要求,可通过增大中心距或采用张紧轮等措施来增大包角。

(8) 确定带的根数　先根据带型和小带轮转速查取单根带的基本额定功率;考虑传动比、包角、带长等因素对功率的影响,对基本额定功率进行修正,得到单根带的实际额定功率;计算得到带传动所需要的根数,带的根数不宜过多,一般不超过10根。

(9) 计算带的初拉力　初拉力是保证带传动正常工作的重要参数,其大小影响带的传动能力和使用寿命。初拉力过小,带易打滑;初拉力过大,会缩短带的使用寿命,增加轴和轴承的负荷。

(10) 计算作用在轴上的压轴力　作用在轴上的压轴力会影响轴和轴承的设计。

(11) 带轮结构设计　根据带轮的基准直径、材料、转速等因素,设计带轮的结构,包括轮毂、轮辐、轮缘等部分的尺寸。

5.1.3　带传动的效率

带传动的效率主要受以下因素影响。

(1) 滑动损失　带传动中存在弹性滑动现象,这是由于带的弹性变形和紧边、松边拉力差引起的。弹性滑动会导致带与带轮之间的相对滑动,使传动比不准确,同时消耗能量,降低传动效率。一般 V 带传动的滑动率为 $0.5\% \sim 2\%$。

(2) 摩擦损失　带与带轮之间的摩擦力在传递动力的同时,也会产生摩擦热,造成能量损失。带的材质、表面粗糙度以及带轮的材料和表面处理等都会影响摩擦力的大小,进而影响传动效率。

(3) 空气阻力损失　高速运转时,带与周围空气的摩擦会产生空气阻力,消耗能量,降低传动效率。

(4) 轴承摩擦损失　带轮在轴上转动时,轴承中的摩擦也会消耗一部分能量。

不同类型带传动的效率有所差异,一般平带传动效率为 $0.94 \sim 0.98$,V 带传动效率为 $0.92 \sim 0.96$,同步带传动效率较高,可达 $0.98 \sim 0.99$。

5.1.4　带传动的受力分析

传动工作前(图 5-1a),带应以一定的初拉力 F_0 张紧在两个带轮上,这样才能保证带运转时在带与带轮的接触面上产生正压力。带工作时的状态如图 5-1b 所示,主动轮以转速 n_1 转动时,由于带与带轮间的摩擦力作用,带一边拉紧、一边放松。紧边拉力 F_1 和松边拉力 F_2 不等,两者之差 $F = F_1 - F_2$,即为带的有效拉力,它等于带沿带轮的接触弧上摩擦力的总和 F_f。在一定条件下,摩擦力有一极限值,如果工作载荷超过极限值,带就在轮面上打滑,传动不能正常工作而失效。初拉力 F_0 越大,带传动的传动能力越大。紧边拉力 F_1、松

边拉力 F_2 和初拉力 F_0、有效拉力 F 有如下关系：
$$F_1 = F_0 + F/2, \quad F_2 = F_0 - F/2$$

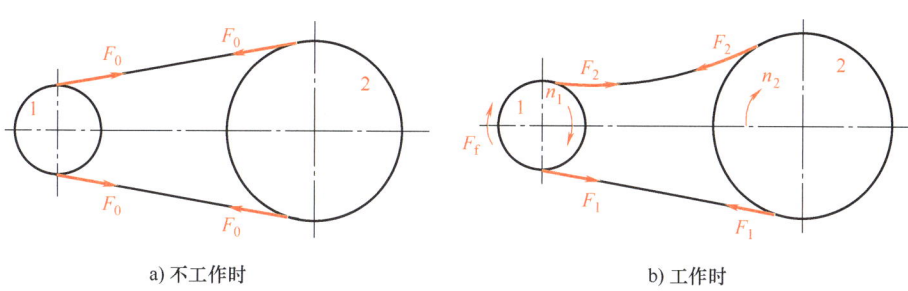

a) 不工作时　　　　　　　　　　　　b) 工作时

图 5-1　带传动受力分析

5.1.5　带传动的运动分析

由于带是弹性体，受力不同时带的弹性变形不等。紧边拉力大，相应的伸长变形量也大。在主动轮上，当带从紧边转到松边时，拉力逐渐降低，带的弹性变形逐渐变小而回缩，因而带沿带轮的运动是一面绕进，一面向后收缩，带的运动滞后于主带轮。也就是说，带与主带轮之间产生了相对滑动。而在从动轮上，带从松边转到紧边时，带所受到的拉力逐渐增加，带的弹性变形量也随之增大，带微微向前伸长，带的运动超前于从带轮。带与从带轮间同样也发生相对滑动。这种由于带的弹性变形而引起的带与带轮之间的微量滑动，称为弹性滑动。因为带传动总存在紧边和松边，所以弹性滑动在带传动中是不可避免的，是带传动正常工作时固有的特性。其结果是使从动带轮的圆周速度低于主动轮的圆周速度，使传动比不准确。

带传动中弹性滑动的程度用滑动率 ε 表示，其表达式为

$$\varepsilon = \frac{v_1 - v_2}{v_1} = 1 - \frac{D_2 n_2}{D_1 n_1} = \frac{n_1 - n_2}{n_1} \times 100\%$$

式中　v_1、v_2——分别为主动轮、从动轮的圆周速度（m/s）；

n_1、n_2——分别为主动轮、从动轮的转速（r/min）；

D_1、D_2——分别为主动轮、从动轮的直径（mm）。

带的弹性滑动并不是发生在相对于全部包角的接触弧上，而是只发生在带由主、从动轮上离开以前的那一部分接触弧上，称其为滑动弧。图 5-2 所示为带传动的弹性滑动分析，图中的弧 $\overset{\frown}{C_1 B_1}$ 和 $\overset{\frown}{C_2 B_2}$ 为滑动弧。随着负载的增加，有效拉力增大，滑动弧不断增大，当增大到整个接触弧 $\overset{\frown}{A_1 B_1}$ 和 $\overset{\frown}{A_2 B_2}$ 时，带传动的有效拉力达到最大值。如果工作载荷再进一步增大，则带与带轮间会发生显著的相对滑动，称为打滑，从而使带的摩擦加剧，从动轮转速急剧降低，带传动失效，这种情况应

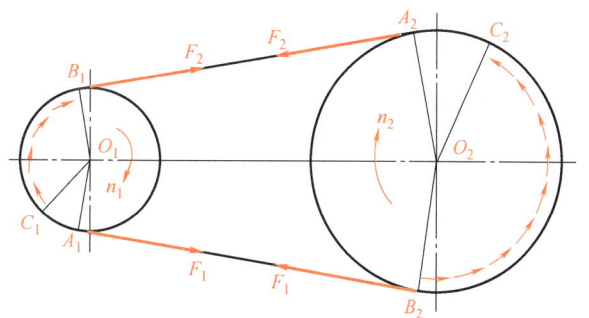

图 5-2　带传动的弹性滑动分析

当避免。

图 5-3 所示为带传动的滑动曲线和效率曲线。带传动的滑动率 ε（曲线 1）随着带有效拉力 F 的增大而增大，表示这种关系的曲线称为滑动曲线。当有效拉力 F 小于临界点 F' 点时，滑动率与有效拉力 F 成线性关系，带处于弹性滑动的正常工作状态；当有效拉力 F 超过临界点 F' 点以后，滑动率急剧上升，带处于弹性滑动与打滑同时存在的工作状态。当有效拉力等于 F_{max} 时，滑动率近于直线上升，带处于完全打滑的失效状态，应当避免。

带传动工作时，由于弹性滑动的影响，带会产生摩擦发热与磨损，从而使传动效率降低。机械传动的工作效率 η 是输出功率 P_2 与输入功率 P_1 的比值，即 $\eta = P_2/P_1$。图 5-3 中曲线 2 为带传动的效率曲线，即表示带传动效率 η 与有效拉力 F 之间关系的曲线。在初拉力和转速一定的情况下，随着有效拉力的增加，传动效率将逐渐提高，当有效拉力 F 超过临界点 F' 点以后，传动效率急剧下降。

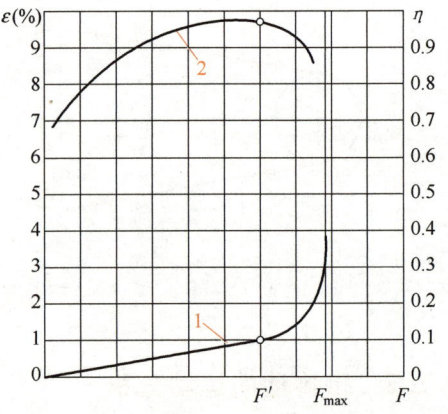

图 5-3 带传动的滑动曲线和效率曲线
1—滑动曲线 2—效率曲线

带传动最合理的状态，应使有效拉力 F 等于或稍小于临界点 F'，这时带传动的效率最高，滑动率 $\varepsilon = 1\% \sim 2\%$，并且还有余力负担短时间（如起动时）的过载。

5.2 预习作业

1）带传动的弹性滑动和打滑现象有何区别？产生的原因分别是什么？分别会造成什么后果？

2）若要避免带传动打滑，可采取什么措施？

3）分析在带传动中初拉力 F_0 对传动能力的影响。最佳初拉力的确定与什么因素有关？还有哪些因素影响带的传动能力？

4）带传动的效率与哪些因素有关？为什么？

5）当带轮直径相等时，打滑发生在哪个带轮上？试分析其原因。

6）带传动的弹性滑动与初拉力、有效拉力有何关系？

5.3 实验目的

1）了解实验台的结构及工作原理，掌握有关机械参数如转矩、转速等的测量手段并掌握其操作规程。

2）观察、分析带传动的弹性滑动和打滑现象，加深对带传动工作原理和设计准则的理解。

3）通过测定相关数据并绘制滑动曲线（ε-F 曲线）和效率曲线（η-F 曲线），深刻认识带传动特性、承载能力、效率及其影响因素。

4）分析弹性滑动、打滑与带传递的载荷之间的关系。

5.4 实验设备及工作原理

本实验的设备是 PC-A 型皮带传动实验台（图 5-4）。该实验台由主机和测量系统两大部分组成。

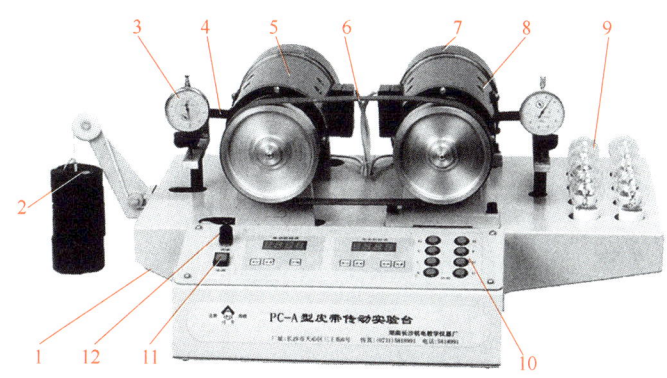

图 5-4　PC-A 型皮带传动实验台

1—电动机移动底板　2—砝码　3—百分表　4—测力杆及测力装置　5—电动机及主动带轮　6—平带
7—光电测速装置　8—发电机及从动带轮　9—负载灯泡　10—负载开关　11—电源开关　12—调速开关

5.4.1 主机

主机由两台直流电动机 5、8 组成，其中电动机 5 作为原动机，电动机 8 则作为负载的发电机。原动机由直流调速电路供给电枢不同的端电压，可实现无级调速。主、从带轮分别装在电动机和发电机的转子轴上，实验用的平带套在两带轮上。主动轮电动机为特制两端带滚动轴承座的直流伺服电动机，滚动轴承座固定在移动底板上，可沿底板滑动，与牵引钢丝绳、定滑轮和砝码一起组成带传动的张紧机构。通过改变砝码的质量，使钢丝绳拉动移动底板，即可设定带传动的初拉力。

从动轮发电机也为特制两端带滚动轴承座的直流伺服电动机，发电机外壳（定子）未固定可相对其两端滚动轴承座转动，轴承座固定于机座上。

带传动的加载装置是在直流发电机的输出电路上，并联了八个 40W 的灯泡作为负载。开启灯泡，可以改变发电机的负载电阻，即每按一下"加载"按钮，就并上一个负载电阻（减小了总电阻）。由于发电机的输出功率为 $P = V^2/R$，因此并联负载电阻后使得发电机负载增加，电枢电流增大，电磁转矩增大，即发电机的负载转矩增大，实现了改变带传动输出转矩的作用，即带的受力增大，两边拉力差也增大，带的弹性滑动逐步增加。当带传递的载荷刚好达到所能传递的最大有效拉力（圆周力）时，带开始打滑，当负载继续增加时则完全打滑。

5.4.2 测量系统

测量系统由光电测速装置 7 和电动机的测转矩装置组成。

1. 转速 n 及滑动率 ε 的测定

在主动轮和从动轮的轴上分别安装一同步转盘，在转盘的同一半径上钻有一个小孔，在小孔一侧固定有光电传感器，并使传感器的测头正对小孔。带轮转动时，就可在数码管上直接读出主动带轮转速 n_1 和从动轮转速 n_2。因带轮直径 $D_1 = D_2$，可以得出滑动率 ε 的计算公式。

2. 转矩 T 及效率 η 的测定

主动轮的转矩 T_1 和从动轮的转矩 T_2 均通过电机外壳摆动力矩来测定。电动机和发电机的外壳支承在支座的滚动轴承中，并可绕与转子相重合的轴线摆动。当电动机起动和发电机加上负载后，由于定子磁场和转子磁场的相互作用，根据力矩平衡原理，电动机的外壳将向转子旋转的反方向扭转，发电机的外壳将向转子旋转的同方向扭转，它们的扭转力矩可以分别通过固定在定子外壳上的测力计测得。

主动轮上的转矩为

$$T_1 = Q_1 K_1 L_1 (\text{N} \cdot \text{mm})$$

从动轮上的转矩为

$$T_2 = Q_2 K_2 L_2 (\text{N} \cdot \text{mm})$$

式中　Q_1、Q_2——测力计百分表上的读数；

　　　K_1、K_2——测力计标定值；

　　　L_1、L_2——测力计的力臂，$L_1 = L_2 = 120 \text{mm}$。

测得不同负载下主动轮的转速 n_1 和从动轮的转速 n_2 以及主动轮的转矩 T_1 和从动轮的转矩 T_2 后，带传动效率可由如下公式计算：

$$\eta = \frac{P_2}{P_1} = \frac{T_2 n_2}{T_1 n_1} \times 100\%$$

式中　P_1、P_2——带传动的输入、输出功率；

　　　T_1、T_2——带传动的输入、输出转矩。

3. 绘制滑动曲线和效率曲线

带传动的有效拉力 F 可近似由如下公式计算：

$$F = \frac{2T_1}{D_1}$$

随着负载的改变（开启灯泡），T_1、T_2、n_1、n_2 值也随之改变，由此可获得一系列 ε 和 η 值。以有效拉力 F 为横坐标，分别以不同载荷下的 ε 和 η 值为纵坐标，就可画出带传动的滑动曲线和效率曲线。

5.5　实验方法及步骤

1）开机前先仔细了解实验台结构，认真检查实验设备是否正常。

2）将"调速"旋钮逆时针旋到转速最低位置，避免开机时电动机突然起动。

3）按下电源开关，实验台的指示灯亮，检查一下测力计与测力杆是否处于平衡状态，若不平衡则调整到平衡。

4）加砝码 2.5kg，使带具有一定的初拉力。

5)慢慢地沿顺时针方向旋转调速按钮,使电动机从开始运转逐渐加速到1000~1200r/min,待运转平稳后,记录 Q_1、Q_2、n_1、n_2 一组数据。

6)按"+"按钮(加载5%),记录一组 Q_1、Q_2、n_1、n_2 数据,注意此时 n_1 和 n_2 之间的差值,即观察带的弹性滑动现象。

7)继续逐渐增加负载(即每次增加5%负载),每增加一次负载后,要调整主动轮转速,使其保持原来的值。重复第4)步,直到 $\varepsilon \geq 3\%$,即带传动开始进入打滑区($n_2 < n_1 - 100$)。把上述所得数据记录在实验报告中的表内。

8)卸掉负载,将调速旋钮逆时针旋到底,加砝码3kg,重复步骤5)~7),观察初拉力对带传动传动能力的影响以及滑动率 ε 和效率 η 的变化。

9)卸掉负载,关停电机,切断电源,整理仪器和现场。

10)根据计算的相关数据绘制 ε-F 滑动曲线和 η-F 效率曲线,完成实验报告。

5.6 注意事项和常见问题

1. 注意事项

1)在熟悉设备性能前,不要随意起动机器。
2)调节调速旋钮时,不要突然使速度增大或减小。
3)实验台为开式传动,实验人员必须注意安全。
4)在给仪器设备加电前,应先确认仪器设备处于初始状态。

2. 常见问题

1)开机后,若电动机突然起动,这时应检查电动机调速旋钮是否旋转到底,即置电动机转速为零的位置。
2)在实验过程中,若设备运转出现较大的冲击载荷,应检查机器是否是由低速到高速逐渐加载。

5.7 工程实践及发展趋势

带传动是一种常用的、成本较低的动力传动装置,具有运动平稳、清洁(无需润滑)、噪声低等特点,同时可以起到缓冲、减振、过载保护的作用,且维修方便。

弹性滑动是带在正常工作状态下发生的一种带和带轮之间的局部滑动,只要存在传递功率就不可避免地会产生弹性滑动,但弹性滑动并不影响正常工作。当工作载荷进一步加大时,弹性滑动的发生区域将扩大到整个接触弧,此时就会发生打滑现象。打滑属于带传动的失效形式之一,必须避免。

随着工业技术水平的提高,机械设备不断向高精度、高速、高效、低噪声、低振动方向发展,带传动的应用范围会越来越广,因此对避免打滑及尽可能提高带传动的效率分析具有重要的现实意义。

5.7.1 游梁式抽油机的带传动效率分析

游梁式抽油机(图5-5)是指含有游梁,通过连杆机构换向、曲柄重块平衡的抽油机,从采油方式上可分为两类，即有杆类采油设备和无杆类采油设备。游梁式抽油机具有性能可靠、结构简单、操作维修方便等特点。

游梁式抽油机是油田目前主要使用的抽油机类型之一，主要由驴头-游梁-连杆-曲柄机构、减速器、动力设备和辅助装备四大部分组成。工作时，电动机的传动经减速器、曲柄连杆机构变成驴头的上下运动，驴头经光杆、抽油杆带动井下抽油泵的柱塞做上下运动，从而不断地把井中的原油抽出井筒。

带是游梁式抽油机的重要组成部分之一，它与齿轮减速器一起构成抽油机的减速传动装置，以实现从电动机到曲柄轴的动力传递和减速。抽油机中使用的带以普通V带和窄V带为主，其工作原理是靠带与带轮之间的摩擦进行运动和动力传递。带传动效率是抽油机井参数计算中一个重要的中间变量，在抽油机井设计和计算中通常作为常数处理。但实际上，由于抽油机承受交变载荷，带的瞬时效率不断变化，而且能量传递方向在局部工作时间内还可能发生改变。上面这些因素将影响抽油机其他参数的计算和分析。

图 5-5　游梁式抽油机

带工作时的功率损失有两种：一种是与载荷无关的量，如带绕轮的弯曲损失、进入与退出轮槽的摩擦损失以及风阻损失等；另一种是与载荷有关的量，如弹性滑动损失以及带与轮槽间的径向滑动损失等。其中，以弯曲功率损失和弹性滑动功率损失为主。

带的工作效率在大部分时间内较高，但在局部范围内，尤其是转矩接近于零的位置，效率极低。原因主要在于带的工作效率与曲柄轴转矩和电动机转矩的变化规律有关，而影响曲柄轴转矩和电动机转矩变化规律的因素主要是抽油机的负载和平衡状况。局部范围内，带的有效载荷过低，有效圆周力相对较小，因而效率极低。此外，带的松紧程度和摩擦系数对带传动效率的影响也较大。

5.7.2　带式输送机传动轮打滑的预防

带式输送机是以摩擦连续驱动运输物料的一种机械装备，主要由机架、输送带、托辊、滚筒、张紧装置、传动装置等组成。它可以将物料放在一定的输送线上，从最初的供料点到最终的卸料点间形成一种物料的输送流程，可以进行碎散物料的输送，也可以进行成件物品的输送。除进行纯粹的物料输送外，带式输送机还可以与各工业企业生产流程中工艺过程的要求相配合，形成有节奏的流水作业运输线。带式输送机广泛应用于冶金、煤炭、交通、建材、水电、化工等部门，具有输送量大、结构简单、维修方便、成本低、通用性强等优点。

以应用于某钢厂的带式输送机为例，若高炉分布较为分散，带式输送机输送原料、燃料到高炉高道矿槽的转运站多，带的数量也多，经常会出现带传动轮打滑的现象。带传动轮打滑的主要原因是原料、燃料源头料流控制不均匀；另外原料、燃料的露天存放造成雨天原料、燃料带水输送，降低了带传动轮与带的摩擦系数，也会造成带传动轮经常打滑。而带式输送机电气联锁因不能检测带传动轮打滑造成停机，最终导致转运点堵料故障时有发生。

为排除此故障，一方面调整带张紧装置以增加带传动轮与带的摩擦系数，另一方面在带尾轮增设了尾轮传动电控检测装置。因为带尾轮为被动轮，它靠带牵引而转动，如带传动轮打滑，则带无动作，同样尾轮也不转；若检测到带尾轮不转动，则将断开该带控制回路，使该带停机，避免了后面带继续运转送料导致堵料事故的发生。

利用带机尾轮检测，避免带式输送机传动轮打滑，投资小，电控回路修改容易，运行可靠，效果明显，极大地减轻了工人由于堵料而进行清料的劳动强度。该检测保护电路可推广应用到矿井带式输送机、斗提机、大倾角带式输送机等场合。

5.7.3 带传动的设计和应用现状

（1）材料方面　国内外都在不断研发和应用新型高性能材料。例如，碳纤维等高强度、轻量化的增强材料被引入带传动领域，有效提高了传动带的负载能力和抗疲劳性能；同时，具有更好耐磨性、耐腐蚀性和耐高温性的橡胶、聚氨酯等材料也得到了广泛应用，延长了传动带的使用寿命。

（2）设计技术方面　随着计算机技术和数值模拟技术的发展，带传动的设计方法日益精确和高效。国内外企业和研究机构普遍采用计算机辅助设计（CAD）、计算机辅助工程（CAE）等技术，对带传动系统进行建模、分析和优化，提高了设计质量和可靠性。

（3）应用领域方面　在汽车工业中，多楔带和同步带被广泛应用于发动机的正时系统、空调压缩机、发电机等部件的传动，以提高发动机的效率和可靠性。在自动化生产线中，带传动常用于物料的输送和设备的驱动，如食品饮料、电子制造等行业的生产线。在机器人领域，带传动也被应用于关节的驱动和运动控制，以实现机器人的精确动作和高效运行。

5.7.4 发展趋势

（1）高精度和高性能　随着工业自动化和智能制造的发展，对带传动的精度和性能要求越来越高。未来，带传动将朝着高精度、高速度、高功率密度的方向发展，以满足高端装备制造业的需求。例如，在半导体制造设备、精密机床等领域，需要带传动系统具有更高的传动精度和稳定性。

（2）智能化和信息化　结合传感器技术、物联网技术和大数据分析技术，带传动系统将实现智能化和信息化。通过在传动带上安装传感器，可以实时监测带的张力、温度、磨损等状态参数，实现故障的提前预警和预测性维护，提高设备的运行效率和可靠性。同时，通过物联网技术将带传动系统与工厂的生产管理系统进行集成，实现生产过程的智能化控制和优化。

（3）绿色环保和可持续发展　在全球对环境保护和可持续发展日益重视的背景下，带传动行业也将朝着绿色环保的方向发展。研发和应用可降解、可回收的材料，降低生产过程中的能源消耗和污染物排放，提高带传动系统的能源利用效率，将成为未来的发展趋势。

（4）微型化和集成化　随着微纳制造技术的发展，带传动将向微型化和集成化方向发展。微型带传动系统将在微机电系统（MEMS）、生物医学设备、微型机器人等领域得到广泛应用。同时，将带传动与其他传动方式、传感器、执行器等进行集成，形成多功能的传动模块，将提高系统的集成度和性能。

（5）多学科融合　带传动的发展将涉及材料科学、机械工程、电子技术、控制科学等多个学科的交叉融合。多学科的协同创新，将推动带传动技术的不断进步和发展。

第 6 章

轴系结构创意设计及分析实验

6.1 概述

轴、轴承及轴上零件组合构成了轴系,它具有传递运动和动力的作用,对机器能否正常运转有很大的影响,轴系是机械设计中的关键环节。任何回转机械都具有轴系结构,因而轴系结构设计是机器设计中最丰富、最具有创新性的内容之一,轴系性能的优劣直接决定了机器的性能与使用寿命。如何根据轴的回转速度、轴上零件的受力情况决定轴承的类型,再根据机器的工作环境决定轴系的总体结构及轴上零件的轴向、周向的定位与固定等,是机械设计的重要环节。为设计出适合于机器的轴系,有必要熟悉常见的轴系结构,在此基础上才能设计出正确的轴系结构,为机器的正确设计提供核心的技术支持。轴系结构设计主要包括以下内容。

1. 轴上零件的装配方案

确定零件在轴上的装配顺序和方式,例如,齿轮、带轮、联轴器等零件的安装位置和方向,考虑如何便于零件的装拆和固定,轴系结构设计方案见表 6-1。

表 6-1 轴系结构设计方案

方案类型	方案号	已知条件				轴系布置示意图	跨距 l /mm
		齿轮类型	载荷	转速	其他条件		
单级齿轮减速器输入/出轴	1-1	小直齿轮	轻	低	输入轴		95
	1-2		中	高	输入轴		
	1-3	大直齿轮	中	低	输出轴		
	1-4		重	中	输出轴		
	1-5	小斜齿轮	轻	中	输入轴		
	1-6		中	高	输入轴		
	1-7	大斜齿轮	中	中	输出轴 轴承反装		
	1-8		重	低	输出轴		

（续）

方案类型	方案号	已知条件				轴系布置示意图	跨距 l /mm
		齿轮类型	载荷	转速	其他条件		
二级齿轮减速器输入/出轴	2-1	小直齿轮	轻	高	输入轴	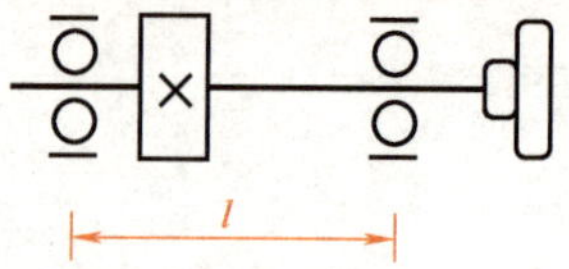	145
	2-2	大直齿轮	中	中	输出轴		
	2-3	小斜齿轮	中	高	输入轴	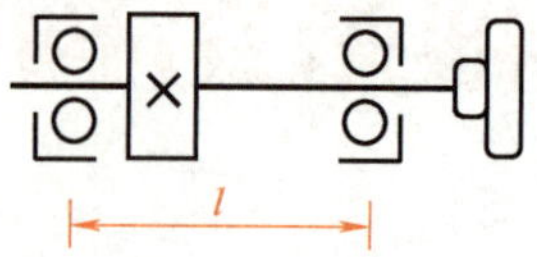	
	2-4	大斜齿轮	重	低	输出轴		
	2-5		轻	低	锥齿轮轴	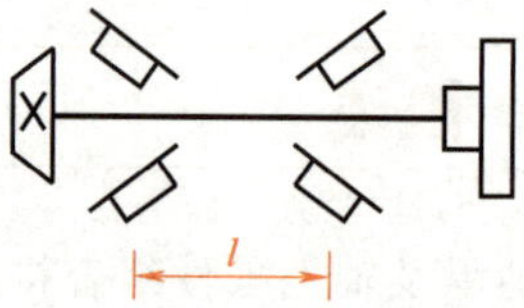	75
	2-6	小锥齿轮	中	高	锥齿轮与轴分开		
二级齿轮减速器中间轴	3-1	小斜齿轮 大直齿轮	中	中		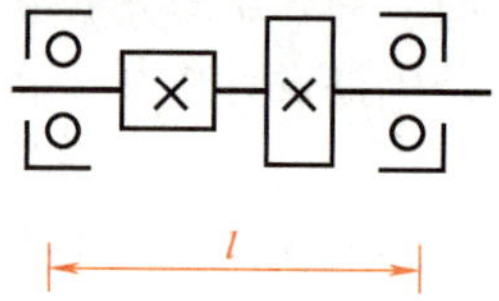	135
	3-2	小直齿轮 大斜齿轮	重	中		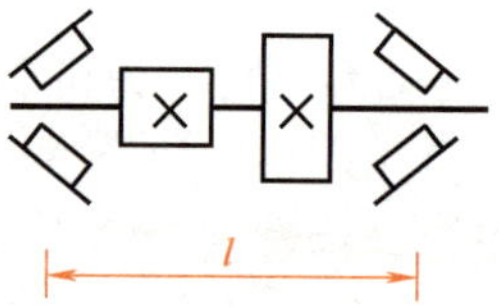	
蜗杆减速器输入轴	4-1	蜗杆	轻	低	发热量小	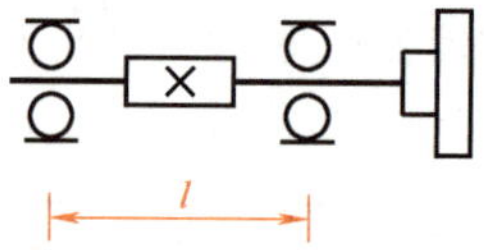	157
	4-2	蜗杆	重	中	发热量大	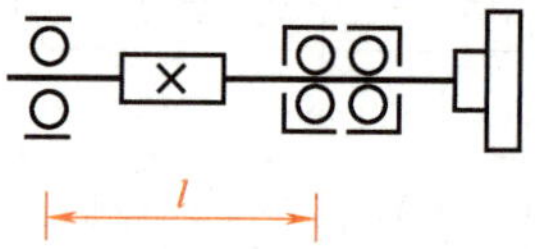 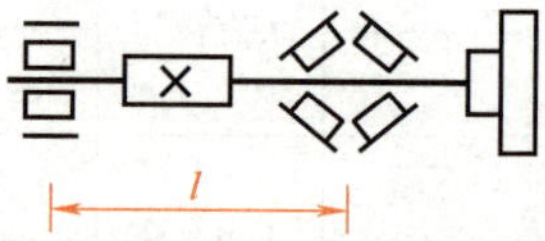	168

2. 轴上零件的定位和固定

零件安装在轴上，要有一个确定的轴向和周向位置，即要求定位准确。

3. 轴上零件的装拆和调整

为了使轴上零件装拆方便，并能进行位置及间隙的调整，常把轴做成两端细中间粗的阶梯轴；为装拆方便而设置的轴肩高度一般可取为 1~3mm，安装滚动轴承处的轴肩高度应低于轴承内圈的厚度，以便于拆卸轴承。轴承间隙的调整，常用调整垫片的厚度来实现。

4. 轴的加工和装配工艺性

设计的轴结构应便于加工和装配，例如，避免轴上有过长的配合长度，设置退刀槽、砂轮越程槽等。

5. 轴上零件的润滑和密封

滚动轴承的润滑可根据速度因数 dn [d 为滚动轴承内径（mm）；n 为轴承转速（r/min）] 值选择油润滑或脂润滑，不同的润滑方式采用的密封方式不同。

6.1.1 轴的结构设计

轴是组成机器的主要零件之一，其主要功用是支承回转零件、传递运动和动力。轴主要由三部分组成：安装传动零件轮毂的轴段称为轴头，与轴承配合的轴段称为轴颈，连接轴头和轴颈的部分称为轴身。轴头和轴颈表面都是配合表面，其余则是自由表面。配合表面的轴段直径通常应取标准值，并需确定相应的加工精度和表面粗糙度。

轴的结构设计应根据轴上零件的安装、定位以及轴的制造工艺等方面的要求，合理地确定轴的结构形式和尺寸。轴的结构设计不合理，会影响轴的工作能力和轴上零件的工作可靠性，还会增加轴的制造成本和轴上零件装配的困难等。因此，轴的结构设计是轴设计中的重要内容。

轴的结构设计主要取决于以下因素：轴在机器中的安装位置及形式；轴上安装的零件的类型、尺寸、数量以及与轴连接的方式；载荷的性质、大小、方向及分布情况；轴的加工工艺等。由于影响轴的结构的因素较多，设计时，必须具体情况具体分析，但不论何种具体条件，轴的结构都应满足：

1）轴应具有良好的加工工艺性。
2）轴上零件应便于装拆和调整。
3）轴和轴上零件要有准确的工作位置。
4）轴及轴上零件应定位准确、固定可靠。
5）轴系受力合理，有利于提高轴的强度、刚度和振动稳定性。
6）节约材料、减小质量。

在进行轴的结构设计时，首先要拟定轴上零件的装配方案，这是轴进行结构设计的前提，它决定着轴的基本形式。其次是确定轴上零件的轴向、周向定位方式，常用的轴向定位方式有轴肩与轴环、套筒、轴端挡圈、圆螺母、弹性挡圈、紧定螺钉等，应合理选用。周向定位方式常用的有平键连接、花键连接、过盈配合连接、销连接等。最后确定各轴段的直径和长度。确定直径时，有配合要求的轴段应尽量采用标准直径，确定长度时，尽可能使结构紧凑。同时轴的结构形式应考虑便于加工和装配轴上零件，生产率高，成本低。

6.1.2 轴承及其设计

轴承是支承轴及轴上回转件，并降低摩擦、磨损的零件。按相对运动表面的摩擦形式，轴承分为滚动轴承和滑动轴承两大类。

常用的滚动轴承已标准化，由专门工厂大批量生产，在机械设备中得到广泛应用。设计时只需根据工作条件选择合适的类型，依据寿命计算确定规格尺寸，并进行滚动轴承的组合结构设计。

6.1.3 轴系组合结构设计

在分析与设计轴与轴承的组合结构时，主要应考虑轴系的固定，轴承与轴、轴承座的配合，轴承的定位，轴承的润滑与密封，轴系强度和刚度等方面的问题。

6.1.4 轴系的固定

为保证轴系能承受轴向力而不发生轴向窜动、轴受热膨胀后不致将轴承卡死，需要合理地设计轴系的轴向支承、固定结构。不同的固定方式，轴承间隙调整方法不同，轴系受力及补偿受热伸长的情况也不同。常见的轴系支承、固定形式有下面几种。

1. 双支点单向固定（两端固定）

图 6-1 所示为圆柱直齿轮轴支承结构。轴系两端由两个轴承支承，每个轴承分别承受一个方向的轴向力，两个支点合起来就可限制轴的双向运动。这种结构较简单，适用于工作温度较低且温度变化不大、支承跨距较小（跨距 $l \leqslant 350$ mm）的轴系。为补偿轴受热后的膨胀伸长，在轴承端盖与轴承外圈端面之间留有补偿间隙

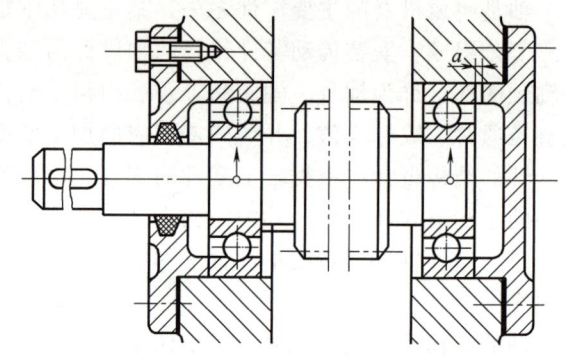

图 6-1 圆柱直齿轮轴支承结构

a，$a \approx 0.2 \sim 0.4$ mm。间隙大小常用轴承盖下的调整垫片或拧在轴承盖上的螺钉进行调整。

图 6-2、图 6-3 所示为锥齿轮轴支承、蜗杆轴支承结构。

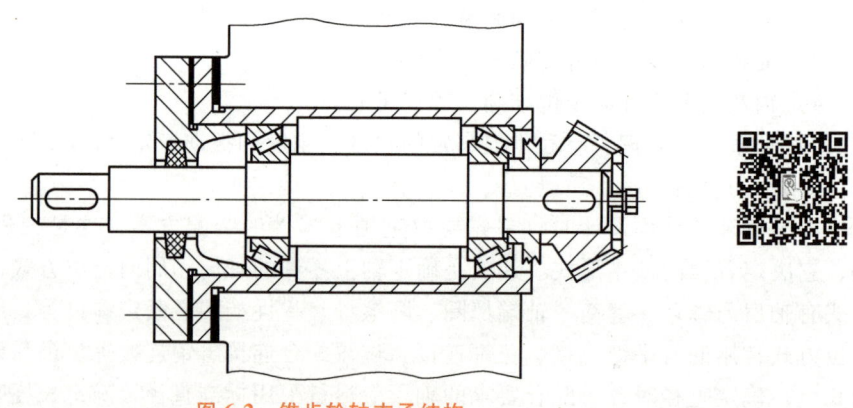

图 6-2 锥齿轮轴支承结构

2. 一端支点双向固定、另一端支点游动（单支点双向固定）

图 6-4 所示为一端固定、另一端游动支承结构。轴系由双向固定端（左侧）的轴承承受轴向力并控制间隙，由轴向移动的游动端（右侧）轴承保证轴伸缩时支承能自由移动，不承受轴向载荷。为避免松动，游动端轴承内圈应与轴固定。这种固定方式适用于工作温度较

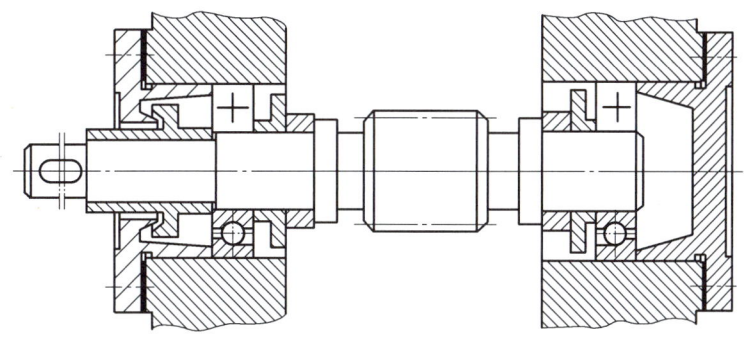

图 6-3 蜗杆轴支承结构

高、支承跨距较大（跨距 $l>350\text{mm}$）的轴系。

在选择滚动轴承作为游动支承时，若选用深沟球轴承应在轴承外圈与端盖之间留有适当间隙（图 6-4）；若选用圆柱滚子轴承（图 6-5），可以靠轴承本身具有内、外圈可分离的特性达到游动目的，但这时内、外圈均需固定。

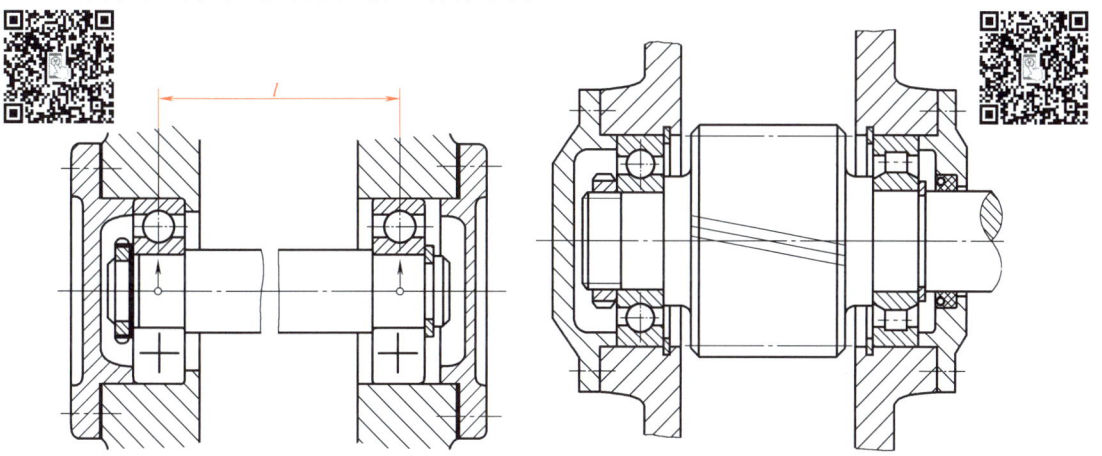

图 6-4 一端固定、另一端游动支承结构（一）　　图 6-5 一端固定、另一端游动支承结构（二）

3. 两端游动

两端游动一般用于人字齿轮传动。对于一对人字齿轮轴，由于人字齿轮本身的相互轴向限位作用，它们的轴承内、外圈的轴向紧固应设计成只保证其中一根轴相对机座有固定的轴向位置，而另一根轴上的两个轴承（采用圆柱滚子轴承）轴向均可游动（图 6-6），以防止齿轮卡死或人字齿的两侧受力不均匀。

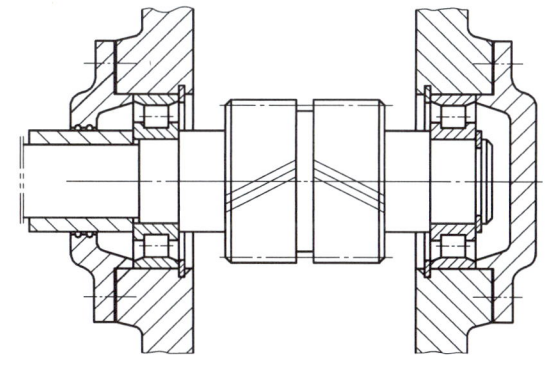

图 6-6 两端游动的支承结构

6.1.5 轴承的配合

因轴承的配合关系到回转零件的回转精度和轴系支承的可靠性，因此在选择轴承配合时要注意：

1）滚动轴承是标准件，轴承内圈与轴的配合采用基孔制，即以轴承内孔的尺寸为基准；轴承外圈与轴承座的配合采用基轴制，即以轴承的外径尺寸为基准。

2）一般转速越高、载荷越大、振动越严重或工作温度越高的场合，应采用较紧的配合；当载荷方向不变时，转动套圈的配合应比固定套圈的紧一些；经常拆卸的轴承以及游动支承的轴承外圈，应采用较松的配合。

6.1.6 轴承的润滑和密封

润滑和密封对于滚动轴承的使用寿命具有十分重要的影响。

1. 轴承的润滑

润滑的主要目的是减少轴承的摩擦和磨损，另外润滑还兼有冷却散热、吸振、防锈、密封等作用。滚动轴承常用的润滑方式有油润滑和脂润滑两种，具体按速度因数 dn 来确定。

脂润滑简单方便，不易流失，密封性好，油膜强度高，承载能力强，但只适用于低速（dn 值较小）。装填润滑脂量一般以轴承内部空间容积的 $1/3 \sim 2/3$ 为宜。油润滑摩擦系数小，润滑可靠，但需要油量较大，一般适用于 dn 值较大的场合。

润滑油的主要性能指标是黏度，转速越高，应选用黏度越低的润滑油；载荷越大，应选用黏度越高的润滑油。润滑油的黏度可根据轴承的速度因数和工作温度查手册确定。若采用浸油润滑，则油面高度不应超过轴承最低滚动体的中心，以免产生过大的搅油损耗和热量。高速轴承通常采用喷油或油雾润滑。

2. 轴承的密封

密封的目的在于防止灰尘、水分、其他杂物进入轴承，并防止润滑剂流失。

密封方法可分为两大类：接触式密封，如毡圈密封（图 6-7a）、唇形（骨架）密封圈密封（图 6-7b）等，多用于速度不太高的场合；非接触式密封，如油沟密封（图 6-8a）、迷宫式密封（图 6-8b）等，通常用于速度较高的场合。如果组合使用各种密封方法，效果更佳。

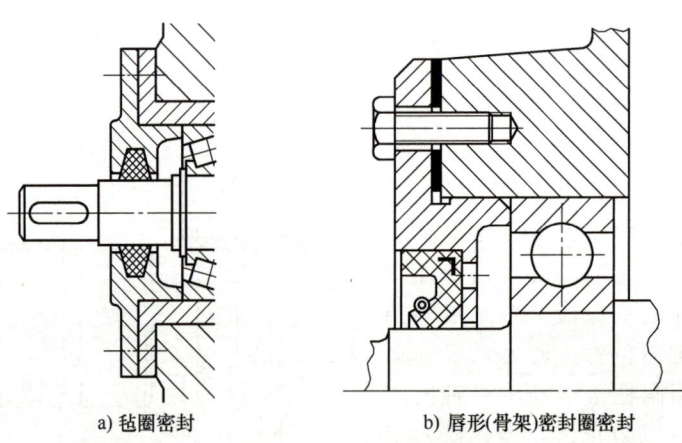

a) 毡圈密封　　　　b) 唇形(骨架)密封圈密封

图 6-7 接触式密封

6.1.7 轴系的刚度

轴系的刚度是保障轴上传动零件正常工作的重要条件，增大轴系的刚度对提高其旋转精度、减少振动及噪声、保证轴承寿命是十分有利的。

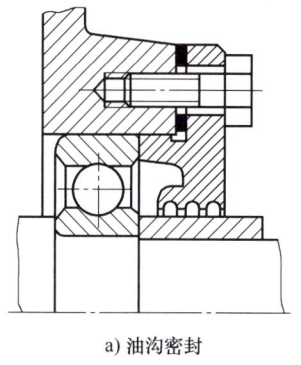 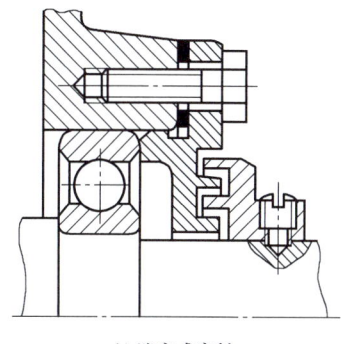

a) 油沟密封 b) 迷宫式密封

图 6-8　非接触式密封

首先应根据负载和其他工作条件选用合适的轴承类型，如重载或冲击载荷的场合，宜选用滚子轴承；轴转速高时应选用球轴承；轴变形大或轴和轴承座有偏移时宜采用调心轴承。还应控制轴和轴承座本身的变形，这涉及轴的刚度设计和机架、机体零件的设计问题，可参照相应的设计资料进行。不同支承结构与排列的轴系，其刚度不同；轴系的刚度还与传动零件在轴上的位置有关。

综上所述，轴系结构设计中涉及的主要是装配、制造、使用调整等问题，具有较强的实践性，在理论课上很难讲述清楚。因此，为了提高学生轴系结构的设计能力，通过本实验来熟悉和掌握轴系的结构设计和轴承的组合设计，加深学生对课堂上所学知识的理解与记忆，从而大大提高其工程实践能力，为后面的综合课程设计训练打好基础。

6.2　预习作业

1）轴为什么要做成阶梯形状？如何区分轴上的轴头、轴颈、轴身各段？它们的尺寸是根据什么来确定的？轴各段的过渡部位结构应注意什么？

2）何为转轴、心轴、传动轴？自行车的前轴、中轴、后轴及脚踏板的轴分别属于什么类型的轴？

3）齿轮、带轮在轴上一般采用哪些方式进行轴向和周向固定？

4）滚动轴承的配合指的是什么？作用是什么？

5）简述滚动轴承的安装、调整方法。圆锥滚子轴承如何装配？

6）简述轴系结构的特点。

6.3　实验目的

1）熟悉和掌握轴的结构及其设计，弄懂轴及轴上零件的结构形状及功能、加工工艺和装配工艺。

2）熟悉并掌握轴及轴上零件的定位与固定方法。

3）熟悉和掌握轴系结构设计的基本要求与常用轴系结构的基本形式。

4）了解滚动轴承的类型、布置、安装及调整方法，以及润滑和密封方式。

5）掌握滚动轴承组合设计的基本方法。

6.4 实验设备及工具

6.4.1 JDI-A 型轴系结构创意设计及分析实验箱

实验箱主要包括：

1）若干模块化轴段，可用来组装成不同结构形状的阶梯轴。

2）各种零件，如齿轮、蜗杆、带轮、联轴器、轴承、轴承座、轴承端盖、键、套杯、套筒、圆螺母、轴端挡圈、止动垫圈、弹性挡圈、螺钉、螺母、密封元件等，零件材料为铝合金，采用精密加工方式制作而成，供学生按照设计思路进行装配和模拟设计，能组合出多种轴系结构方案。

6.4.2 弧齿锥齿轮传动箱

弧齿锥齿轮传动箱通过弧齿锥齿轮的啮合来实现动力传递。主动齿轮轴输入动力，带动弧齿锥齿轮旋转，通过齿轮的啮合作用，将动力传递给从动齿轮轴，从而实现转速和转矩的改变。根据齿轮的不同布置和传动比设置，可以实现减速、增速或等速传动，并且能够改变动力输出方向。

1. 性能特点

（1）传动效率高 平均效率可达98%左右，能够有效地将输入动力传递到输出端，减少能量损失。

（2）承载能力大 可以承受较大的转矩和径向载荷，适用于各种重型机械设备的传动系统。

（3）传动平稳 弧齿锥齿轮的啮合特性使得传动过程平稳，振动小，噪声低，提高了设备的运行舒适性和可靠性。

（4）可正反运转 能够根据实际需求实现正向和反向运转，增加了设备的使用灵活性。

2. 结构

图 6-9 所示为弧齿锥齿轮传动箱的结构，主要由箱体、齿轮副、轴系、密封结构、润滑系统组成。

（1）箱体

1）材质与特性：通常采用高强度铸铁或铸钢材料制造，如高刚性 FC-25 铸铁，具有足够的刚度和强度，可以承受较大的轴向和径向载荷。本实验台箱体采用 6061 工业铝合金制造而成。

2）内壁加工：箱体内壁经过精密加工，为齿轮副提供精确的安装和定位基准，保证齿轮的啮合精度，减少振动和噪声。

（2）齿轮副

1）弧齿锥齿轮：由一对相互啮合的弧齿锥齿轮组成，其中一个为主动齿轮，与输入轴相连；另一个为从动齿轮，与输出轴相连。弧齿锥齿轮的齿面为螺旋形，这种独特的齿形设计使得传动更加平滑、连续，能够减少传动过程中的冲击和振动，并且啮合线较长，可分散

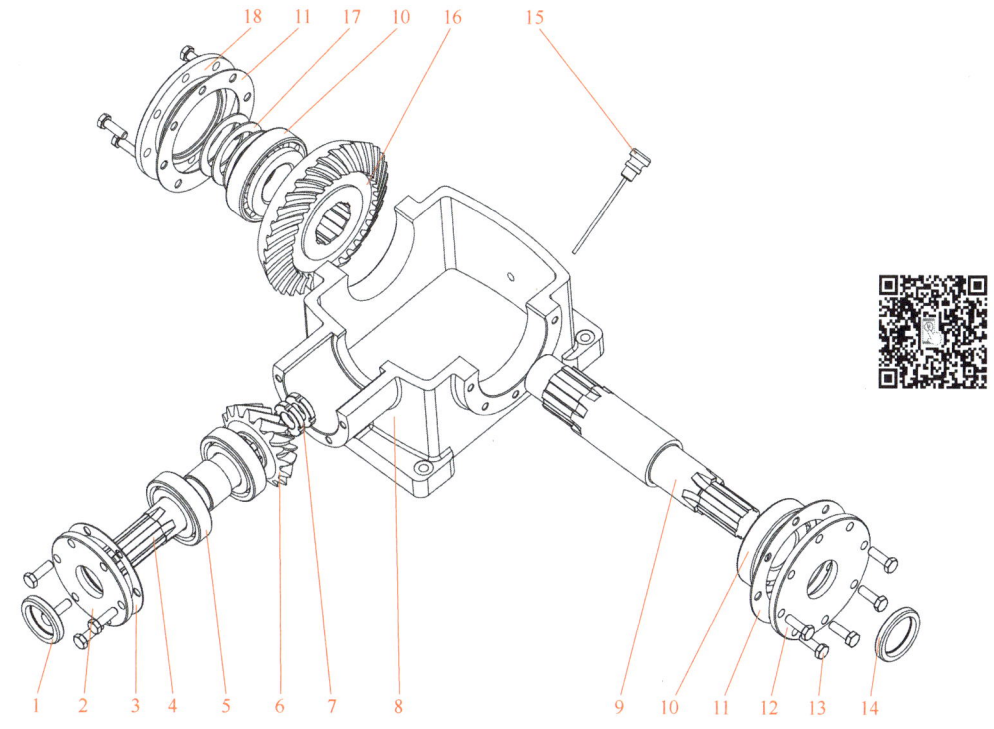

图 6-9　弧齿锥齿轮传动箱的结构

1—骨架密封（输入）　2—轴承端盖（输入端）　3—橡胶垫片（输入）　4—输入轴　5—推力角接触球轴承　6—小弧齿锥齿轮　7—圆螺母　8—箱体　9—输出轴　10—圆锥滚子轴承　11—橡胶垫片（输出）　12—轴承端盖（输出端透盖）　13—螺钉　14—骨架密封（输出）　15—油标尺　16—大弧齿锥齿轮　17—轴套　18—轴承端盖（输出端闷盖）

啮合力，提高传动的稳定性和耐久性。

2）材料与工艺：一般采用优质高纯净度合金钢，如 50CrMn 调制加工，经渗碳淬火处理及研磨制成，具有较高的硬度、耐磨性和强度，能够承受较大的载荷和高速运转时的摩擦。本实验台齿轮采用 304 不锈钢制造而成。

（3）轴系

1）主轴（输出轴和输入轴）：通常采用优质高纯净度合金钢，如 40Cr 调质加工，具备高悬重负荷能力，能够稳定地传递转矩和旋转运动。本实验台主轴采用 304 不锈钢制造而成。

2）轴承：输入轴采用推力角接触球轴承（7602035F/P4DBA），具有良好的轴向承载能力，能够承受较大的轴向力；输出轴用圆锥滚子轴承（30308/P4）来支承齿轮轴，以提高传动的稳定性和承载能力。轴承的选择和布置要经过精心计算，确保齿轮副在高速运转时的稳定性和可靠性。

（4）密封结构　为防止润滑油泄漏和杂质侵入，输入和输出轴端采用骨架油封结构，利用橡胶唇部与轴的紧密贴合，阻止油液外泄和灰尘进入。

（5）润滑系统

1）强制润滑方式：配备强制润滑系统，通过油泵将润滑油输送到齿轮副的啮合部位，确保齿轮在高速、重载的工作条件下得到充分润滑，降低摩擦和磨损。

2）散热与循环：润滑油在循环过程中不仅能够减少齿轮副的摩擦和磨损，还能带走因摩擦产生的热量，起到散热的作用，保证传动箱的正常运行。回油管道则负责将润滑油回收再利用，提高润滑油的利用率。

6.4.3 蜗轮蜗杆传动箱

蜗轮蜗杆传动箱是一种用于机械传动的装置，它以蜗杆传动为核心，能够实现动力的传递和转速、转矩的改变。一般情况下，蜗杆作为主动件，当蜗杆旋转时，其螺旋齿推动蜗轮的齿，使蜗轮产生转动，由于蜗杆的头数通常远少于蜗轮的齿数，从而实现了大传动比的减速功能。此外，当蜗杆的导程角小于啮合轮齿间的当量摩擦角时，传动还具有自锁性，即只能由蜗杆带动蜗轮转动，而蜗轮无法带动蜗杆。

1. 性能特点

（1）传动比大　单级蜗杆传动的传动比一般可达 10～80，特殊情况下甚至更高，能在有限的空间内实现较大的减速比。

（2）结构紧凑　可以在较小的空间内实现大传动比，适用于对安装空间有严格要求的场合。

（3）传动平稳　蜗杆传动过程中，啮合齿面间为多齿接触，且齿面相对滑动速度较小，运转平稳，噪声和振动较小。

（4）具有自锁性　在某些需要防止逆转的应用场景中，如提升设备、自锁装置等，自锁特性能够提供额外的安全保障。

（5）承载能力较大　轮齿接触强度较高，能够承受较大的载荷，适用于重载传动的场合。

（6）不足之处　效率相对较低，尤其是在具有自锁性的情况下，能量损耗较大；由于齿面间存在较大的相对滑动速度，蜗轮蜗杆的磨损相对较快，对润滑和散热要求较高；制造成本相对较高，特别是高精度的蜗轮蜗杆传动箱。

2. 结构

蜗轮蜗杆传动箱的结构如图 6-10 所示，主要由蜗轮与蜗杆、箱体、轴承、密封装置等部件组成。

（1）蜗轮与蜗杆　这是传动箱的核心部件。蜗杆形状类似螺杆，有单头或多头之分；蜗轮则如同带齿的圆盘，其齿形与蜗杆相适配。

（2）箱体　用于容纳和支承蜗轮、蜗杆以及其他零部件，通常由铸铁或铸铝等材料制成，具有足够的强度和刚度，以保证传动箱的稳定性和可靠性。

（3）轴承　安装在蜗轮轴和蜗杆轴上，用于支承轴的旋转，减少摩擦和磨损，保证轴的旋转精度。常见的有滚动轴承和滑动轴承。

（4）密封装置　为了防止润滑油泄漏以及外界灰尘、杂质等进入传动箱内部，设置了密封装置，如骨架密封、密封圈等。

（5）其他部件　包括用于固定和连接的螺栓、螺母，以及一些用于润滑和冷却的辅助装置等。

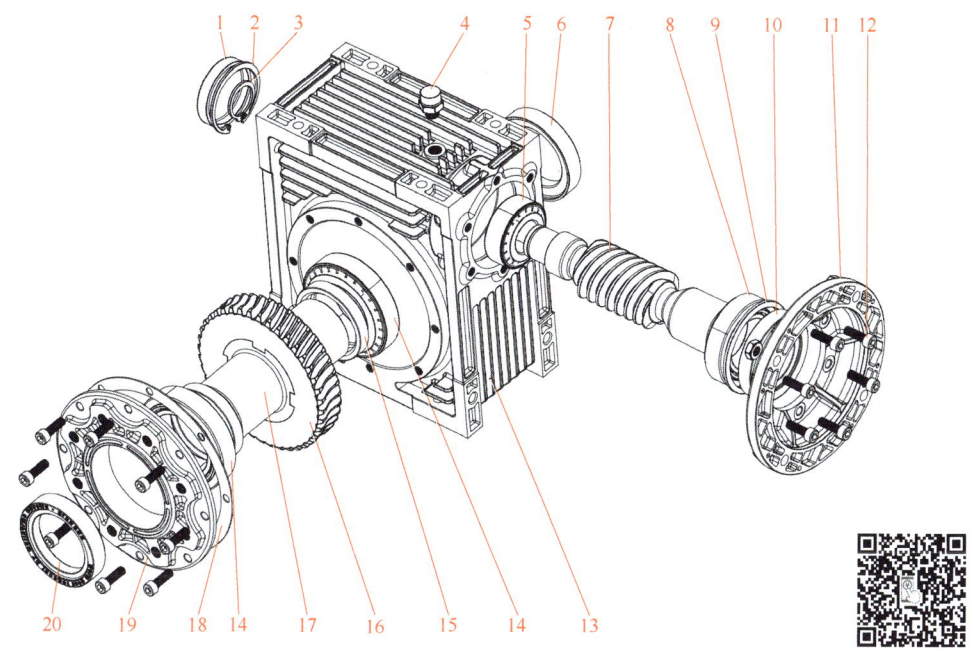

图 6-10 蜗轮蜗杆传动箱的结构

1—蜗杆密封端盖 2—孔用弹性挡圈（52） 3—轴用弹性挡圈（25） 4—油塞 5—圆锥滚子轴承（32205）
6、20—骨架密封（PD 50×71×14 NBR） 7—蜗杆 8—圆锥滚子轴承（32008） 9—孔用弹性挡圈（68）
10—骨架密封（PD 40×68×12 NBR） 11—输入法兰 12—螺钉 13—箱体 14—圆锥滚子轴承（32010）
15—轴套 16—蜗轮 17—蜗轮轴 18—垫片 19—输出法兰

6.4.4 单缸四冲程汽油机

单缸四冲程汽油机是一种常见的内燃机，由进气、压缩、做功和排气四个行程组成一个工作循环。

（1）进气行程 活塞由曲轴带动从上止点向下止点移动，进气门打开，排气门关闭。气缸内形成一定真空度，空气和汽油的混合气经进气门被吸入气缸。

（2）压缩行程 活塞从下止点向上止点移动，进、排气门均关闭。混合气被压缩，温度和压力升高，为燃烧做功创造条件。

（3）做功行程 压缩行程末，火花塞产生电火花点燃混合气，混合气剧烈燃烧，产生高温高压气体，推动活塞向下运动，通过连杆带动曲轴旋转对外做功。

（4）排气行程 活塞从下止点向上止点移动，进气门关闭，排气门打开，燃烧后的废气在活塞的推动下经排气门排出气缸。

1. 性能特点

（1）结构简单 相比多缸发动机，单缸四冲程汽油机结构较为简单，零部件数量少，制造成本低，维护和修理也相对容易。例如，小型摩托车、通用汽油机等常采用单缸四冲程汽油机，降低了整体成本和维护难度。

（2）轻巧灵活 体积小、质量小，便于安装在各种小型设备上，如小型发电机、割草机、小型船舶等，能满足其对动力的需求，同时便于设备的移动和操作。

（3）起动迅速　在冷起动时，单缸发动机的预热时间相对较短，能较快达到工作温度，实现快速起动，可随时为设备提供动力。

单缸四冲程汽油机的不足之处有下面几点。

1）动力输出有限。单缸发动机的气缸排量有限，每个工作循环只有一次做功行程，动力输出相对较小，无法满足设备对大功率的要求，如大型载重汽车、工程机械等一般不会采用单缸汽油机。

2）运转平稳性差。单缸发动机在工作过程中，各行程的动力输出不均匀，导致曲轴转速波动较大，运转平稳性不如多缸发动机，振动和噪声较大，影响设备的使用舒适性和工作环境。

3）散热问题突出。由于单缸发动机的热量集中在一个气缸上，散热相对困难，长时间高负荷运转时，容易出现过热现象，影响发动机的性能和使用寿命，需要配备有效的散热装置。

2. 结构

单缸四冲程汽油机主要由曲柄连杆机构、配气凸轮轴机构和齿轮机构组成，如图6-11所示。

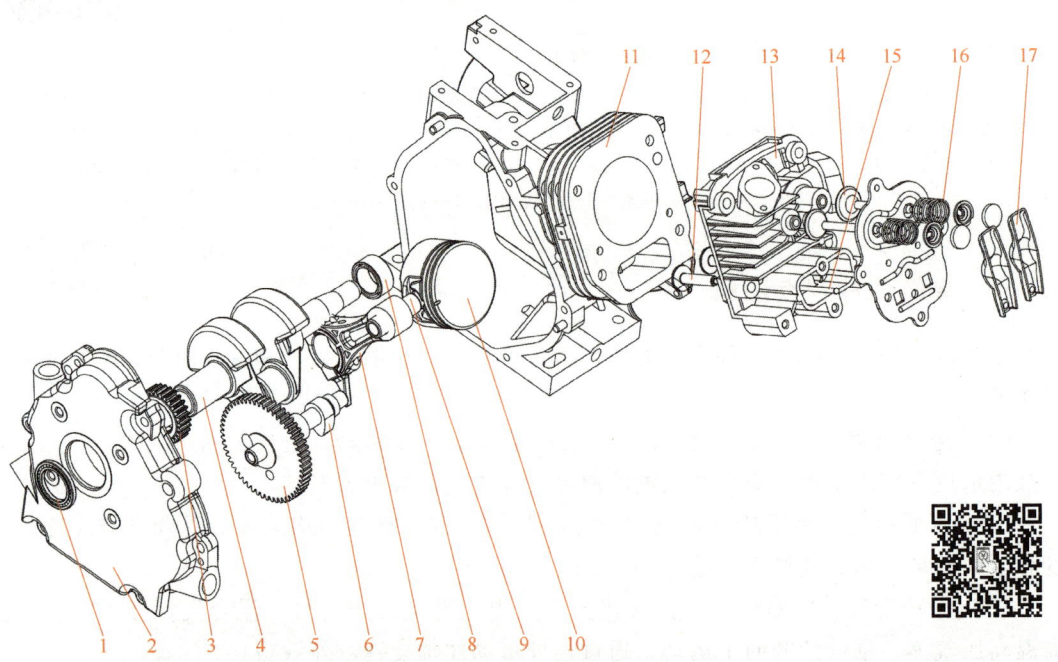

图6-11　单缸四冲程汽油机的结构

1—深沟球轴承（6005）　2—曲轴箱侧盖　3—小齿轮　4—曲轴　5—大齿轮　6—凸轮轴　7—连杆
8—深沟球轴承（61804）　9—活塞销　10—活塞　11—曲轴箱　12—挺柱
13—气缸体　14—气门　15—推杆　16—气门弹簧　17—摇臂

（1）曲柄连杆机构

1）曲轴是曲柄连杆机构的关键部件，通常为多拐结构，其拐数与发动机的气缸数相对应，单缸机只有一个拐。曲轴上有主轴颈和连杆轴颈，主轴颈用于支承曲轴在曲轴箱内旋转，连杆轴颈与连杆大头相连，将活塞的往复运动转化为曲轴的旋转运动。曲轴一般采用高强度合金钢锻造而成，具有良好的韧性和耐磨性，以承受复杂的交变载荷。

2) 连杆连接活塞和曲轴，将活塞的往复运动传递给曲轴。连杆小头与活塞销相连，一般采用衬套结构以减少磨损；连杆大头与曲轴的连杆轴颈相连，常见的有剖分式结构，通过连杆轴瓦与轴颈配合，便于安装和维修。连杆杆身通常为"工"字形或H形截面，在保证强度和刚度的同时减小质量。

3) 活塞销连接活塞和连杆小头，是一个中空的圆柱形零件，一般采用优质碳素钢或合金钢制成，表面经过淬火和磨削处理，以提高硬度和耐磨性。活塞销在活塞销座和连杆小头衬套中转动，承受着复杂的交变载荷。

（2）配气凸轮轴机构

1) 凸轮轴是配气凸轮轴机构的核心部件，通常由多个凸轮和凸轮轴轴颈组成。凸轮的形状和位置决定了气门的开启和关闭时间、升程等参数，其表面需要经过精密加工和热处理，以保证良好的耐磨性和耐疲劳性。凸轮轴轴颈与机体上的轴承配合，支承凸轮轴的旋转，一般采用滑动轴承或滚动轴承。为了保证凸轮轴的正常工作，还需要设置润滑和冷却系统，以减少摩擦和热量积累。

2) 气门传动组包括挺柱、推杆、摇臂等部件，其作用是将凸轮轴的运动传递给气门，实现气门的开启和关闭。挺柱与凸轮直接接触，将凸轮的旋转运动转化为直线运动；推杆将挺柱的运动传递给摇臂；摇臂则通过摇臂轴支承，将推杆的运动放大并传递给气门，使气门按一定的规律开启和关闭。气门传动组的各部件之间需要保证良好的配合精度和运动灵活性。

（3）齿轮机构　齿轮机构主要用于驱动凸轮轴和其他附属设备，如机油泵、水泵等。正时齿轮通常采用一对相互啮合的圆柱齿轮，其中一个齿轮安装在曲轴上，另一个安装在凸轮轴上，通过精确的传动比确保凸轮轴与曲轴之间的同步运动，保证气门的开启和关闭时刻与活塞的运动相位相匹配。

6.4.5　使用工具

本实验使用的工具有扳手、螺钉旋具、游标卡尺、内外卡钳、300mm钢直尺、铅笔、三角板、圆规等。

6.5　实验内容及步骤

1. 拆装学习

1) 复习有关轴的结构设计与轴承组合设计的内容与方法（参看教材有关章节）。

2) 分别拆装弧齿锥齿轮传动箱、蜗轮蜗杆传动箱和单缸四冲程汽油机，通过动手实践了解并掌握典型轴系结构的设计方法。

2. 构思轴系结构方案，绘制轴系结构设计装配草图

1) 从轴系结构设计方案表（表6-1）中选择设计实验方案号。

2) 根据选定的实验设计方案绘制轴系结构设计装配草图，绘制装配草图时注意应该符合轴的结构设计、轴承组合设计的基本要求，如轴上零件的固定、拆装、轴承间隙的调整、轴的结构工艺性等。

3）进行轴的结构设计与滚动轴承组合设计。

4）每组学生根据规定的设计条件和要求，并参考绘制的装配草图确定需要哪些轴上零件，进行轴系结构设计。解决轴承类型选择、轴上零件的固定、装拆、轴承游隙的调整、轴承的润滑、密封、轴的结构工艺性等问题。

5）绘制轴系结构设计装配图。

3. 组装轴系部件

根据轴系结构设计装配草图，从实验箱中选取合适的零件，按照装配工艺要求顺序装到轴上，完成轴系结构设计。

4. 检查修改

检查轴系结构设计是否合理，对不合理的结构进行修改。合理的轴系结构应满足下列要求：

1）轴上零件装拆方便，轴的加工工艺性良好。

2）轴上零件的轴向固定、周向固定可靠。

3）一般滚动轴承与轴为过盈配合、轴承与轴承座孔为间隙配合。

4）滚动轴承的游隙调整方便。

5）锥齿轮传动中，其中一锥齿轮的轴系设计要求锥齿轮的位置可以轴向调整。

5. 测绘

测绘各零件的实际结构尺寸（对机座不测绘、对轴承座只测量其轴向宽度），做好记录。

6. 完成实验报告六

将实际零件放回箱内，排列整齐，工具放回原处。根据结构草图及测量数据，在实验报告上按比例绘制轴系结构设计装配图，要求装配关系表达正确。

6.6 注意事项

设计完成后检查以下事项。

1）轴上各键槽是否在同一条母线上？

2）轴上各零件能否装到指定位置？

3）轴上零件的轴向、周向是否固定可靠？

4）轴承能否拆下？

5）轴承游隙是否需要调整？如何调整？

6）轴系位置是否需要调整？如何调整？

7）轴系能否实现工作的回转运动？运动是否灵活？

轴系结构设计装配图中应标出：

1）主要轴段的直径和长度、轴承的支承跨距。

2）齿轮直径与宽度。

3）主要零件的配合尺寸，如滚动轴承与轴的配合、滚动轴承与轴承座的配合、齿轮（或带轮）与轴的配合等。

4)轴及轴上各零件的序号。

6.7 典型轴系结构示例

图 6-12～图 6-19 所示为八种典型的轴系结构示意图。

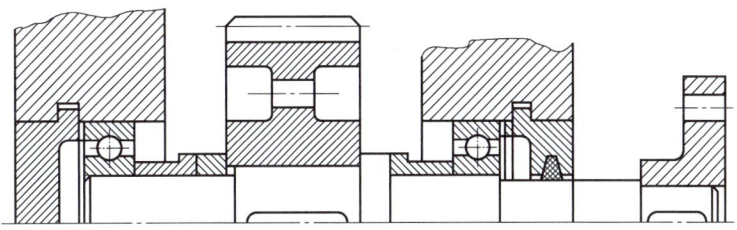

图 6-12　圆柱齿轮轴系结构示例（一）

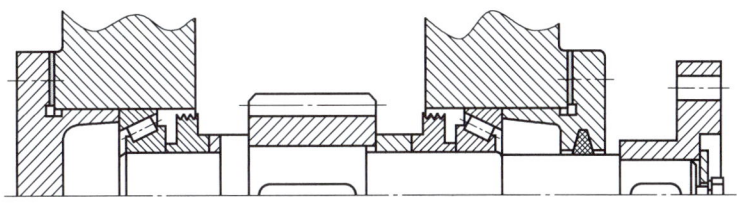

图 6-13　圆柱齿轮轴系结构示例（二）

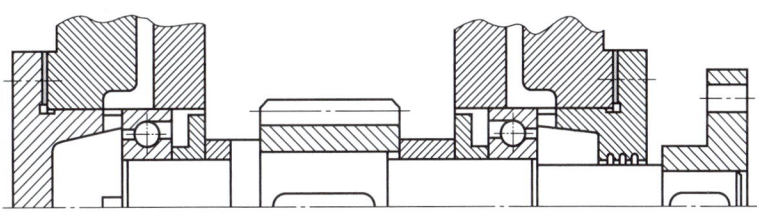

图 6-14　圆柱齿轮轴系结构示例（三）

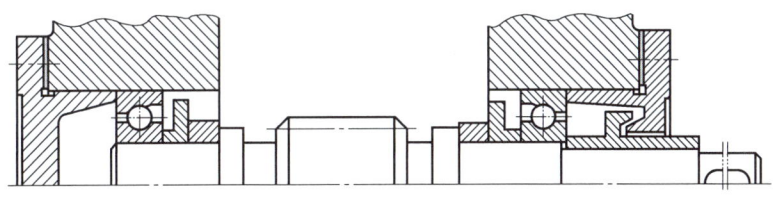

图 6-15　蜗杆轴系结构示例（一）

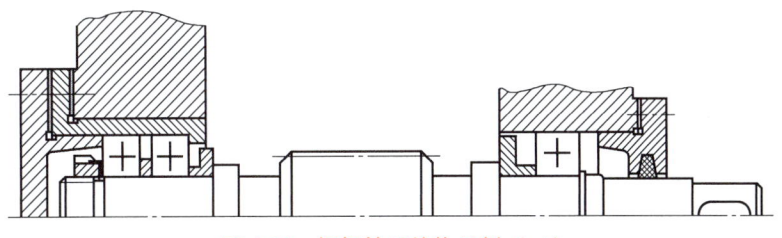

图 6-16　蜗杆轴系结构示例（二）

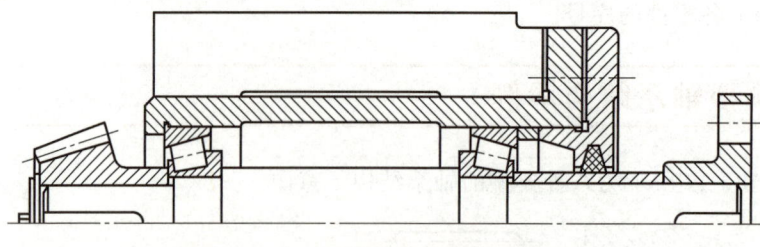

图 6-17　小锥齿轮轴系结构示例（一）

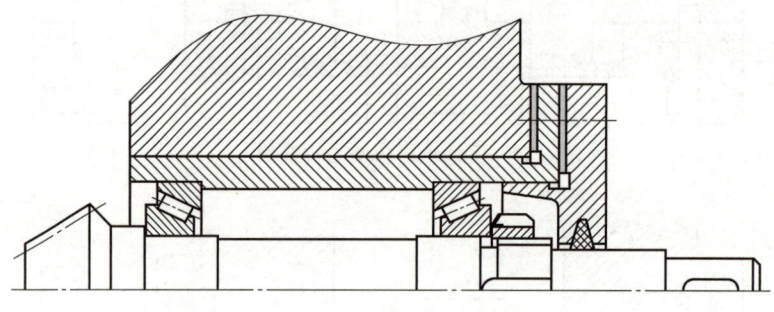

图 6-18　小锥齿轮轴系结构示例（二）

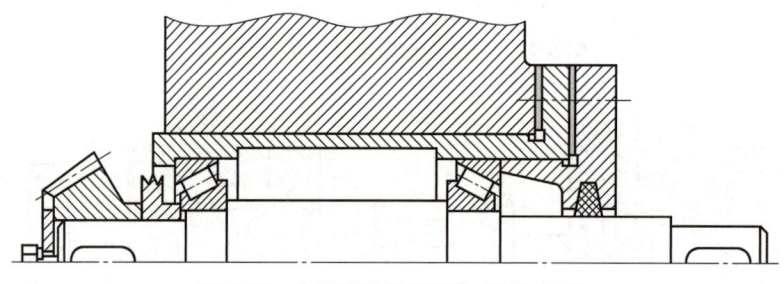

图 6-19　小锥齿轮轴系结构示例（三）

6.8　工程实践

  轴系是机器中应用最为广泛的部件之一，轴系设计质量的好坏直接影响到机器是否为正常工作状态。一切做回转运动的传动零件都必须安装在轴上才能进行运动及动力的传递。轴需要用滚动轴承或滑动轴承来支承，机床主轴的强度和刚度主要取决于轴的支承方式和轴的工作能力。

  轴系的结构设计没有固定的标准，要根据轴上零件的布置和固定方法，轴上载荷大小、方向和分布情况，以及对轴的加工和装配方法来决定。为保证滚动轴承轴系正常工作，即正常传递力并且不发生窜动，要正确选用轴承的类型和型号，还需要合理设计轴承组合，考虑轴系的固定、轴承与相关零件的配合、保证轴承系统的刚度等。要以轴上零件的拆装是否方便、定位是否准确、固定是否可靠来衡量轴结构设计的好坏。轴的结构设计包括轴的合理外形和全部尺寸，要满足强度、刚度以及装配加工要求，需拟定几种不同的方案进行比较，轴的设计要越简单越好。

第6章 轴系结构创意设计及分析实验

6.8.1 振动式压路机后轮轴系结构

振动式压路机（图6-20）是一种在道路建设、场地平整等工程中广泛应用的压实机械设备，通过自身质量和振动产生的激振力，对被压材料进行压实，以提高其密实度和承载能力。

1. 工作原理

振动式压路机通过在滚轮或振动轮内安装振动机构来工作。振动机构通常由偏心轴、偏心块等部件组成，当压路机的发动机驱动偏心轴高速旋转时，偏心块随之转动，产生离心力。

图6-20 振动式压路机

这个离心力使振动轮产生上下振动，频率通常在每分钟1500~3500次。振动轮在自身重力和振动产生的激振力共同作用下，对地面或被压材料进行反复冲击和压实，从而使材料颗粒之间的空隙减小，达到提高压实度的目的。图6-21所示为振动轮总装图。

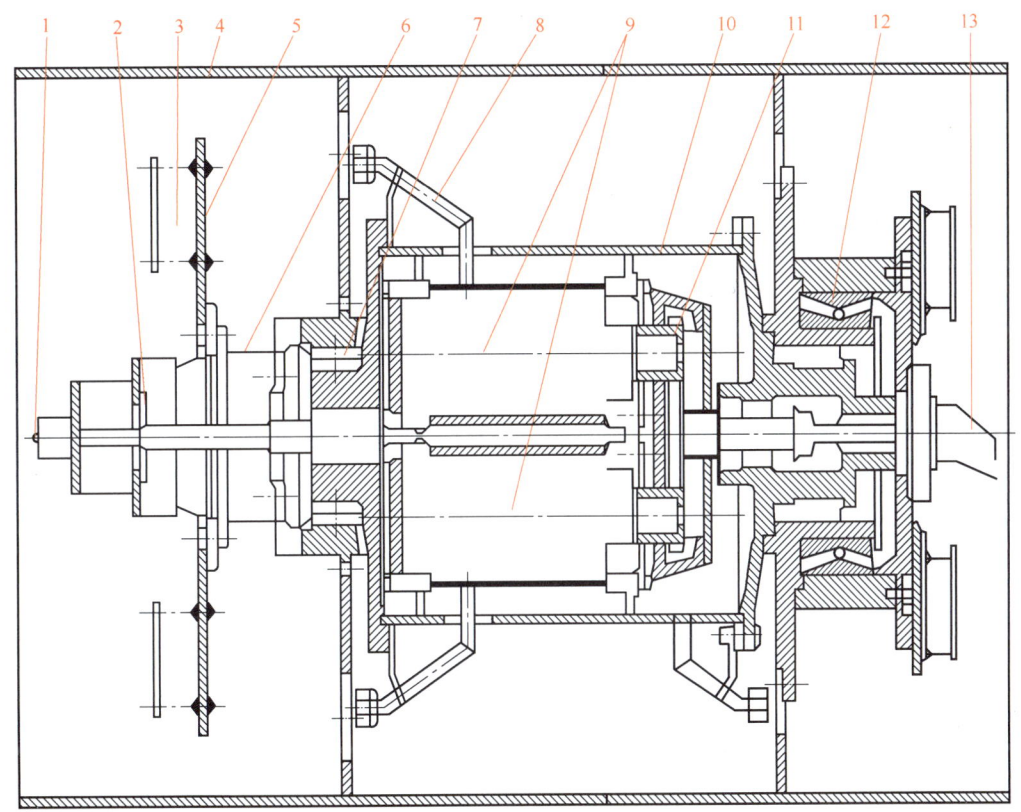

图6-21 振动轮总装图

1—传感器 2—摆动液压缸 3—减振器 4—外圈 5—安装板 6—驱动电动机 7—轴承座
8—油管 9—偏心块 10—内圈 11—齿轮组 12—框架轴承 13—振动电动机

2. 结构组成

（1）动力系统 主要由发动机提供动力，常见的有柴油发动机，为压路机的行驶、振动等功能提供能量。

（2）振动系统　包括振动轮、振动轴、偏心块以及振动驱动装置等。振动轮是直接与被压材料接触并传递振动的部件；振动轴带动偏心块旋转产生振动；振动驱动装置则控制振动的频率和振幅。

（3）行走系统　由车架、轮胎或钢轮、传动装置和转向机构等组成。车架用于支承和连接各个部件；轮胎或钢轮是压路机与地面接触的部分，承担压路机的重量并实现行驶功能；传动装置将发动机的动力传递给行走轮，实现压路机的前进、后退和速度调节；转向机构则控制压路机的行驶方向。

（4）操作系统　包括驾驶舱内的各种操作手柄、仪表盘、踏板等，操作人员通过这些装置来控制压路机的行驶速度、振动频率、振幅等参数，确保压实工作的顺利进行。

（5）洒水系统　为了防止振动轮在压实过程中与被压材料粘连，影响压实效果，振动式压路机通常配备洒水系统。该系统由水箱、水泵、水管和喷头等组成，能够定时定量地向振动轮表面喷水。

3. 分类

（1）按振动轮数量分类　可分为单轮振动压路机和双轮振动压路机。单轮振动压路机一般前轮为振动轮，后轮为驱动轮，常用于压实各种道路基础和较厚的填方材料；双轮振动压路机的前后轮均为振动轮，压实效果更好，适用于压实沥青混凝土路面等薄层材料。

（2）按行走方式分类　分为轮胎式振动压路机和钢轮式振动压路机。轮胎式振动压路机通过轮胎与地面接触，压实过程中具有一定的揉搓作用，能使压实表面更加平整，适用于压实各种材料；钢轮式振动压路机的振动轮为钢制，表面有光面、凸块等不同形式，光面钢轮适用于压实沥青混凝土路面，凸块钢轮则更适合压实黏性土壤等材料。

（3）按振动频率分类　有低频振动压路机（振动频率一般在26～33Hz）、中频振动压路机（振动频率在33～42Hz）和高频振动压路机（振动频率在42Hz以上）之分。低频振动压路机适用于压实较厚的填土和大粒径材料；中频振动压路机适用于压实介于低频振动压路机和高频振动压路机适用材料之间的多种材料；高频振动压路机适用于压实薄铺层材料和沥青混凝土路面。

4. 应用领域

（1）道路施工　无论是公路、城市道路还是乡村道路的建设，振动式压路机都是不可或缺的压实设备。在道路基层的压实中，它能确保基层的密实度和平整度，为路面的铺设提供坚实的基础；在沥青混凝土路面的压实中，能够使沥青混合料更加密实，提高路面的平整度和耐久性。

（2）机场工程　机场跑道和停机坪需要承受飞机的巨大质量和频繁起降，对地面的压实度要求极高。振动式压路机通过高效的压实作业，能够满足机场工程对地面强度和稳定性的严格要求。

（3）水利工程　在堤坝、水闸等水利工程的建设中，振动式压路机用于压实土料、砂石料等材料，提高基础的防渗性能和稳定性，防止堤坝渗漏和坍塌。

（4）工业场地和停车场建设　在工业厂房、物流园区、停车场等场地的建设中，振动式压路机可以对场地进行压实，确保地面能够承受车辆和设备的荷载，防止地面下沉和变形。

6.8.2　工程实践中轴系结构设计的设计步骤

（1）需求分析与规划　明确轴系的功能需求，例如，在船舶中要确定推进功率、转速范围等参数，根据这些需求初步规划轴系的类型（如单轴、双轴等）和基本布局。

（2）材料选择　考虑轴系的工作环境（如温度、腐蚀介质等）。一般会选用高强度合金钢，像40Cr等，对于特殊环境可能采用不锈钢或特殊涂层材料。

（3）初步设计计算　进行轴的强度计算，根据扭转强度和弯曲强度公式确定轴的最小直径；计算轴系的临界转速，避免在工作转速范围内出现共振现象。

（4）详细设计　确定轴上各部件（如齿轮、联轴器等）的布置位置，考虑安装和拆卸的便利性。设计轴的结构细节，如轴肩的高度、键槽的尺寸和位置等。

（5）装配方案制定　规划各部件的装配顺序，对于大型轴系，可能需要借助特殊的工装设备，如大型吊车、滑道等；考虑穿装过程中的定位精度控制，如采用定位销、挡块等措施。

（6）分析与优化利用有限元分析软件（如ANSYS等）对轴系进行应力分析，检查是否存在局部应力集中点；根据分析结果对设计进行优化，如调整部件布局、改变轴的结构形状等。

6.8.3　轴系结构设计发展趋势

（1）智能化设计　借助人工智能算法，根据大量的轴系设计案例数据，实现快速准确的设计方案生成。例如，利用机器学习算法预测轴系的性能，优化设计参数。

（2）高性能材料应用　随着新型材料的发展，如碳纤维复合材料等轻质高强材料可能会在部分轴系设计中得到应用，以提高轴系的性能并减轻质量。

（3）集成化与模块化设计　将轴系与其他相关系统（如润滑系统、冷却系统等）进行集成化设计，提高整个动力系统的紧凑性和可靠性。同时采用模块化设计理念，方便维修和更换部件。

（4）绿色环保设计　在设计过程中充分考虑材料的可回收性、润滑剂的环保性等因素，减少对环境的影响。

第 7 章

机械传动综合创新设计及性能分析

🔑 7.1 概述

机械传动系统设计是指通过机械装置将动力源的运动和动力传递给工作机构的系统，用以传递运动和动力或改变运动形式。它包括选择合适的传动方式、计算传动比、选择传动元件、进行结构设计以及校核验算等步骤，旨在提高机械设备的性能和可靠性。传动系统方案设计是否合理，对整个机械的工作性能、尺寸、重量和成本等影响很大，因此，传动方案设计是整个机械设计中最关键的环节。

1. 传动方案的要求

合理的传动方案，首先应满足工作机的性能要求，其次还应满足工作可靠、传动效率高、结构简单、尺寸紧凑、成本低廉、工艺性好、使用和维护方便等要求。任何一个方案，要满足上述所有要求都是十分困难的，要统筹兼顾，满足最主要的和最基本的要求。

2. 机械传动系统的主要组成部分

（1）传动类零件　如齿轮、带、带轮、链轮等，用于传递运动和动力。

（2）导向支承类零件　如轴、轴承等，用于导向、支承传动零件。

（3）连接类零件　如键、联轴器等，用于将两个及两个以上零件连接成一个整体。

（4）箱体　用来支承和固定传动零件，为传动零件提供密封的工作空间。

3. 机械传动系统的设计步骤

（1）需求分析　明确传动系统的功能要求，如传动比、功率、转速等。

（2）方案选择　根据需求选择合适的传动方式，如齿轮传动、链条传动、带传动等。

（3）参数计算　计算传动系统的各项参数，包括齿轮模数、齿数等。

（4）结构设计　设计传动系统的具体结构，包括齿轮、轴、轴承等。

（5）校核验算　对设计结果进行强度、刚度等校核，确保设计满足要求。

4. 机械传动系统的主要性能指标

（1）传动效率　衡量系统能量利用率的重要指标，直接影响机械设备的性能和能耗。

（2）承载能力　系统能够承受的最大负载，关系到系统的可靠性和使用寿命。

（3）转速范围　系统能够适应的工作转速范围，会影响机械设备的运行效率和稳定性。

（4）精度　系统输出运动的准确性，对于高精度要求的机械设备尤为重要。

（5）噪声　系统运行过程中产生的噪声水平，会影响工作环境和操作人员的健康。

（6）温升　系统工作时温度的升高，过高的温升会影响系统的精度和使用寿命。

（7）使用寿命　系统能够保持精度的使用期限，受制造质量、使用条件和维护保养等因素影响。

7.2　机械传动方案拟定

在机器及机械设备设计中，为了实现设计的功能与成本最优化，或为满足同一工作机的力学性能要求，往往可采用不同的传动机构、不同的组合和布局来完成运动形式、参数、力或力矩大小的转变，从而得出不同的传动方案。拟定传动方案时，应充分了解各种传动机构的性能及适用条件，结合工作机所传递的载荷性质和大小、运动方式和速度以及工作条件等，对各种传动方案进行比较，合理地选择。

通常原动机的转速与工作机的输出转速相差较大，常在它们之间采用多级传动机构来减速。对于多级传动，必须正确而且合理地选择有关的传动机构及其排列顺序，以充分发挥各传动机构的优点，下面列举几种常用传动方式的特点，供拟定传动方案时参考。

7.2.1　齿轮传动

1. 特点

（1）传动效率高　在常用的机械传动中，齿轮传动的效率较高，圆柱齿轮传动效率可达98%～99%，这意味着能量损失少，能够有效利用动力。

（2）传动比稳定　齿轮传动能保证准确的传动比，传动比在运动过程中保持不变，这使得传动系统的运动精度和稳定性高，适用于对传动比要求严格的场合。

（3）工作可靠、寿命长　只要设计合理、制造安装精确、使用维护得当，齿轮传动可以长期稳定工作，使用寿命较长。

（4）结构紧凑　齿轮传动可以在较小的空间内传递较大的功率，适用于对空间尺寸有严格要求的机械设备。

（5）缺点　制造和安装精度要求高，成本相对较高；不适用于两轴中心距较大的传动；在高速重载条件下工作时，振动和噪声较大。

2. 典型应用

（1）汽车变速器　通过不同齿数的齿轮组合，实现汽车在不同行驶工况下的速度和转矩变换，满足汽车的动力需求。

（2）机床传动系统　齿轮传动用于传递动力和实现各种运动，如工作台的进给、主轴的旋转等，保证加工精度和效率。

（3）工业减速器　在各种工业设备中，齿轮传动可以降低转速并增大转矩，以满足设备的工作要求。

7.2.2　带传动

1. 特点

（1）传动平稳　带传动靠带与带轮之间的摩擦力传动，能缓冲吸振，传动过程中噪声小，适用于对传动平稳性要求较高的场合。

（2）过载保护　当过载时，带会在带轮上打滑，可防止其他零部件因过载而损坏，起到保护作用。

（3）适用于中心距较大的传动　能方便地实现两轴中心距较大的传动，结构简单，成本低。

（4）缺点　传动比不准确，因为带在工作时会产生弹性滑动，导致传动比有一定的变化；传动效率较低，一般在90%～95%；带的使用寿命较短，需要定期更换。

2. 典型应用

（1）家用缝纫机　通过带传动将脚踏的动力传递给缝纫机头，实现缝纫动作，其平稳的传动特性适合缝纫精细的布料。

（2）农业机械　如收割机、拖拉机等，带传动用于连接发动机和各种工作部件，实现动力的传递，且过载打滑可保护设备。

（3）通风机和水泵　在这些设备中，带传动将电动机的动力传递给叶轮或泵轴，实现气体或液体的输送，对传动平稳性有一定要求。

7.2.3　链传动

1. 特点

（1）平均传动比准确　链传动能保证平均传动比准确，与带传动相比，传动精度较高。

（2）传递功率大　可在较大的轴间距下传递较大的功率，适用于要求传递功率较大且两轴中心距较大的场合。

（3）效率较高　链传动的效率一般在95%～98%，比带传动效率高。

（4）能在恶劣环境下工作　与带传动相比，链传动对环境的适应性更强，能在高温、多尘、潮湿等恶劣环境下工作。

（5）缺点　瞬时传动比不稳定，工作时有一定的冲击和噪声；安装和维护要求较高；链条磨损后容易伸长，需要定期调整和更换。

2. 典型应用

（1）摩托车和自行车　链传动用于将发动机或脚踏的动力传递到后轮，驱动车辆前进，适应不同的路况和行驶需求。

（2）矿山机械　如刮板输送机、斗式提升机等，在恶劣的工作环境中链传动能可靠地传递动力，实现物料的输送。

（3）农业机械　在联合收割机等设备中，链传动用于传递动力，保证各工作部件的协同运转。

7.2.4　蜗杆传动

1. 特点

（1）传动比大　单级蜗杆传动的传动比可达8～80，甚至更大，在传递动力的同时，能实现较大的降速比，结构紧凑。

（2）传动平稳、噪声小　蜗轮蜗杆啮合时，是连续的滑动摩擦，传动平稳，噪声和振动小，适用于对平稳性要求高的场合。

（3）具有自锁性　当蜗杆的螺旋升角小于啮合面的当量摩擦角时，蜗杆传动具有自锁性，即只能由蜗杆带动蜗轮，而蜗轮不能带动蜗杆，可用于一些需要防止逆转的场合。

（4）缺点　传动效率低，一般为 0.7~0.8，在自锁时效率更低；发热量大，需要良好的散热和润滑条件；蜗轮齿圈一般采用青铜制造，成本较高。

2. 典型应用

（1）卷扬机　利用蜗杆传动的自锁性，保证重物提升后不会自行下落，提高安全性。

（2）汽车转向机构　蜗杆传动可实现较大的传动比，使驾驶人用较小的力就能控制转向，提高驾驶的舒适性和安全性。

（3）分度机构　在一些精密仪器和机床中，蜗杆传动用于实现精确的分度和角度调整。

7.2.5　液压传动

1. 特点

（1）功率密度大　在较小的体积和重量下，液压传动能产生较大的力或转矩，适用于需要传递大功率的场合。例如，大型挖掘机的液压系统可轻松举起数吨重的物料。

（2）传动平稳　液体的不可压缩性和流量的可调节性，使液压传动运行平稳，冲击和振动小，能实现频繁的换向和起停。像磨床的工作台运动，依靠液压传动可实现精确平稳的往复运动。

（3）调速范围大　通过改变流量或压力，液压传动能在较大范围内实现无级调速，调速比可达 100∶1~2000∶1。

（4）自润滑与过载保护　液压油能对各元件起到润滑作用，从而延长使用寿命；系统中设置的安全阀等装置可实现过载保护，防止设备损坏。

（5）布置灵活　借助油管连接，可方便地将液压元件布置在不同位置，便于机械的整体布局设计。

（6）缺点　液压系统存在泄漏问题，会影响工作效率和工作精度，污染环境；油液的黏度受温度影响较大，导致系统性能在某些温度下不稳定；液压元件制造精度要求高，成本较高，且系统故障诊断和维修相对困难。

2. 典型应用

（1）工程机械　如装载机、推土机、起重机等，液压传动用于实现各种工作装置的动作，完成物料的挖掘、装载、运输等任务。

（2）矿山机械　在提升机、破碎机等设备中，液压传动为其提供动力和控制，满足矿山开采的高强度作业需求。

（3）航空航天　液压传动应用于飞机的起落架收放、襟翼操纵等系统，确保飞行安全和操作的可靠性。

（4）机床设备　液压传动用于控制机床的工作台移动、刀架进给等运动，保证加工精度。

7.2.6　气压传动

1. 特点

（1）工作介质清洁　以空气为工作介质，取之不尽、用之不竭，且无污染，无须回收处理，特别适用于食品、医药等对环境要求高的行业。

(2) 速度快、反应灵敏　气体的可压缩性小，在管道中流动速度快，能快速实现起动、停止和换向，动作迅速，适用于要求快速响应的场合。

(3) 结构简单、维护方便　气压传动系统的结构相对简单，元件数量较少，安装、调试和维护都比较容易，成本较低。

(4) 安全可靠　在易燃易爆、多尘埃、强辐射等恶劣环境下能安全工作，不会因电火花等引发危险。

(5) 能自动过载保护　当执行元件过载时，气压会升高，安全阀自动打开排气，起到过载保护作用。

(6) 缺点　气压传动的工作压力较低，一般为 0.3~1MPa，因此输出力较小；气体的可压缩性导致传动精度较差，定位不准确；能量损失较大，效率相对较低。

2. 典型应用

(1) 自动化生产线　在电子、汽车零部件等生产线上，气压传动用于物料的搬运、定位和装配等操作，实现生产过程的自动化。

(2) 食品包装机械　完成食品的灌装、封口、贴标等包装工序，保证食品的卫生和包装质量。

(3) 气动工具　如气动扳手、气动螺丝刀等，气压传动广泛应用于机械装配、汽车维修等领域，具有操作方便、效率高的特点。

(4) 纺织机械　气压传动用于控制织机的开口、引纬、打纬等动作，保证纺织生产的顺利进行。

7.2.7　电传动

1. 特点

(1) 控制精度高　通过电子控制系统，能精确控制电动机的转速、转矩和位置，实现高精度的运动控制，满足各种精密加工和自动化生产的需求。

(2) 响应速度快　电动机的起动、停止和调速反应迅速，能快速跟随控制信号的变化，适用于要求快速动态响应的场合。

(3) 易于实现自动化　可方便地与计算机、PLC 等控制系统集成，实现远程控制、自动化操作和智能化管理，提高生产效率和管理水平。

(4) 效率高　电动机的能量转换效率较高，特别是一些新型高效电动机，能有效降低能源消耗，节约运行成本。

(5) 清洁环保　运行过程中不产生污染，对环境友好。

(6) 缺点　电传动系统对电源的依赖性强，一旦停电，设备将无法正常工作；电动机的过载能力相对较弱，需要采取相应的保护措施；在一些特殊环境下，如易燃易爆、强磁场等，需要特殊的防爆、防磁设计。

2. 典型应用

(1) 工业自动化　在各种工业生产设备中，如数控机床、机器人、自动化生产线等，电传动系统作为动力源和运动控制部件，可实现精确的加工和操作。

(2) 交通运输　电动汽车、电动列车等采用电传动技术，具有节能、环保、噪声低等优点，是未来交通运输的发展方向。

(3) 家用电器　如空调、洗衣机、冰箱等，电动机作为核心部件，实现各种功能的驱动和控制。

(4) 航空航天　在飞机、卫星等航空航天设备中，电传动系统用于控制飞行姿态、驱动各种设备，具有重量轻、效率高、可靠性强等优势。

根据以上各种传动机构的特点，实验时可拟订几种传动方案进行测定和比较，从中选择合理的方案。

机械传动的运动学与动力学参数测试原理和方法是机械科学与技术人员必须掌握的。机械传动综合实验以典型机械传动为对象，研究机械传动的组成、结构、运动学与动力学参数测试原理和技术，即主要解决机械传动的总体设计问题。

另一方面，传动系统还要把原动机输出的功率和转矩传递到执行构件上去，使它能够克服阻力而做功，因此，传动效率是一个重要的选择依据。在传动链中可采用不同形式的机械传动来实现要求的功能，每种传动的传动效率是衡量该种传动能量损耗的指标参数，而能量损耗对机械的成本与机器中零件的寿命有决定性的影响。因此机械传动的效率测试方法是机械设计人员应该掌握的基本技能。

本实验不仅可以对单一机械传动形式进行传动效率的测定，更重要的是可以通过对这些传动装置的装配搭接，设计出各种形式的多级传动系统，如带-齿轮传动、齿轮-链传动、带-链传动、带-齿轮-链传动等传动系统，并在不同的载荷和转速下对传动系统的综合传动效率进行测试分析。实验台采用模块化结构，学生可以自己设计实验方案，并根据自己的实验方案进行传动连接，安装调试和测试，从而培养学生分析问题、解决问题与创新设计的能力。

7.3　预习作业

1) 一般情况下，在带传动、链传动等组成的多级机械传动系统中，带传动、链传动如何布置更合理？为什么？

2) 啮合传动的各种传动类型各有什么特点？

3) 影响机械传动系统效率的因素有哪些？可以采用哪些措施来提高机械传动的效率？

4) 多级机械传动系统方案设计时，应考虑的因素有哪些？一般情况下宜采用何种方案？

7.4　实验目的

1) 掌握机械传动合理布置的基本要求和机械传动方案设计的一般方法，加深对常见机械传动性能的认识和理解；根据给定的条件进行机械系统方案设计，组装成机械传动装置。

通过实验，了解机械传动方案设计的多样性，对多种可行方案进行比较、评价，从而确定最佳传动方案。

2) 对机械系统进行运动分析、动力分析及装配方案分析。

通过对常见机械传动装置（如带传动、链传动、齿轮传动、蜗杆传动等）及常见机械传动组成的不同传动系统在传递运动与动力过程中参数曲线（速度曲线、转矩曲线、传动比曲线、功率曲线及效率曲线等）的测试与分析，加深对常见机械传动性能的认识和理解，掌握机械传动合理布置的基本要求，提高机械设计能力。

3）培养学生根据机械传动实验任务进行自主实验的能力，通过实验了解智能化机械传动性能综合测试实验台的工作原理，掌握计算机辅助实验的方法，提高进行设计型实验与创新型实验的能力。

7.5 实验设备

本实验采用的是 TMVR01 机械传动综合创新设计及性能分析实验台。该实验台是一种模块化、多功能、开放式、具有工程背景的新型机械设计综合实验装置。学生可根据选择或设计的实验类型、方案和内容，自己动手进行传动连接、安装调试和测试，开展设计型实验、综合型实验或创新型实验。

7.5.1 实验台的总体结构

实验台由种类齐全的动力模块、传动模块、支承连接及调节模块、加载模块、测试模块、工具模块及数据处理模块搭接而成，另外还有相应的测试实验软件支持。图 7-1 所示为实验系统总体结构。

TMVR01 机械传动综合创新设计及性能分析实验台由 V 带传动、链传动和同步带传动三大传动系统组成，每个运动机构采用模块化设计并且是独立的运动单元，可分别控

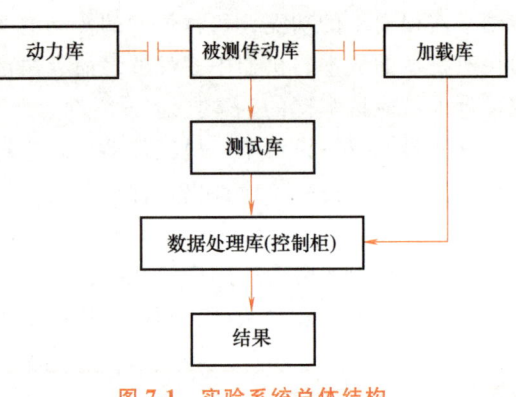

图 7-1 实验系统总体结构

制，每个模块均采用减速直流电动机驱动，模块之间可根据需要自行拆装、调试和组合，可配合直流电动机、磁粉制动器、动态扭矩测试仪、实时转速检测显示系统组成整套传动系统，并完成性能测试。

1. **动力库**

动力库由 400W 伺服电动机和行星减速器组成。

2. **被测传动库**

被测传动库是典型的机械传动装置，如带传动、链传动、齿轮传动、蜗杆传动等，实验时在实验台的安装平板底座上通过对这些传动装置的装配搭接，可设计出各种形式的单级传动或多级传动系统，例如带-齿轮传动、齿轮-链传动、带-链传动、带-齿轮-链传动等传动系统。

3. **测试库**

测试库为动态扭矩测试仪来拾取输入轴的转矩、转速，输出轴的转矩、转速，再按下式计算出机械传动当时的效率。

$$\eta = \frac{T_o \omega_o}{T_i \omega_i}$$

式中　T_o、ω_o——输出轴的转矩与角速度；

　　　T_i、ω_i——输入轴的转矩与角速度。

采用DYN-200动态扭矩测试仪,详细介绍见附录。

4. 加载库

本实验系统采用FZJ25磁粉制动器和LYD-Ⅲ型张力控制仪来加载和控制转矩载荷,仪器详情见附录。

5. 数据处理库

数据处理库为配套计算机软件处理系统。

7.5.2 该实验台可以组成的传动系统举例

1. V带传动及性能分析系统

(1) 带轮设计

1) 尺寸确定:根据实验需求确定带轮的直径。例如,在模拟普通机械传动时,主动轮直径可以在50~200mm,从动轮直径可根据传动比来计算确定。如果传动比为2:1,主动轮直径为100mm时,从动轮直径则为200mm。

2) 材质选择:带轮可采用铸铁或工程塑料制造。铸铁带轮具有较高的强度和耐磨性,适用于较大功率的传动;工程塑料带轮则具有重量轻、成本低、噪声小等优点,适合于小功率、要求低噪声的场合。

(2) 传动带的选型　根据带轮直径、传动功率和工作环境等因素选择合适的传动带。常见的有平带、V带和同步带。如果传递功率较小(<5kW),且对传动精度要求不高,可以选择平带;若传递功率较大(5~50kW),V带是比较合适的选择;对于需要精确传动比的情况,如自动化生产线中的精密传动,则应选用同步带。

(3) 张紧装置　设计可调节的张紧装置,如采用螺栓张紧或滑道张紧。螺栓张紧装置简单可靠,通过旋转螺栓来改变张紧轮的位置,从而调整传动带的张紧力;滑道张紧装置可以更灵活地调整张紧力,并且便于观察和测量张紧力的变化。

(4) V带传动系统参数　V带传动系统参数见表7-1。

表7-1　V带传动系统参数

参数类型	参数名称	参数值
初始条件	传动功率 P/kW	12
	主动轴转速 n_1/(r/min)	150
	从动轴转速 n_2/(r/min)	60
	传动比 i	2.5
带型和基准直径	设计功率 P_d/kW	12
	带型	A
	小带轮基准直径 d_1/mm	75
	大带轮基准直径 d_2/mm	180
轴间距	初定轴间距 a_0/mm	344.25
	所需基准长度 L_d/mm	1100
	实际轴间距 a/mm	345.72

(续)

参数类型	参数名称	参数值
带速、包角和V带根数	带速 v/(m/s)	1.96
	小带轮包角 α/(°)	162.6
	V带的根数 z/个	1

(5) 结构示意图 V带传动性能分析系统结构示意图如图7-2所示。

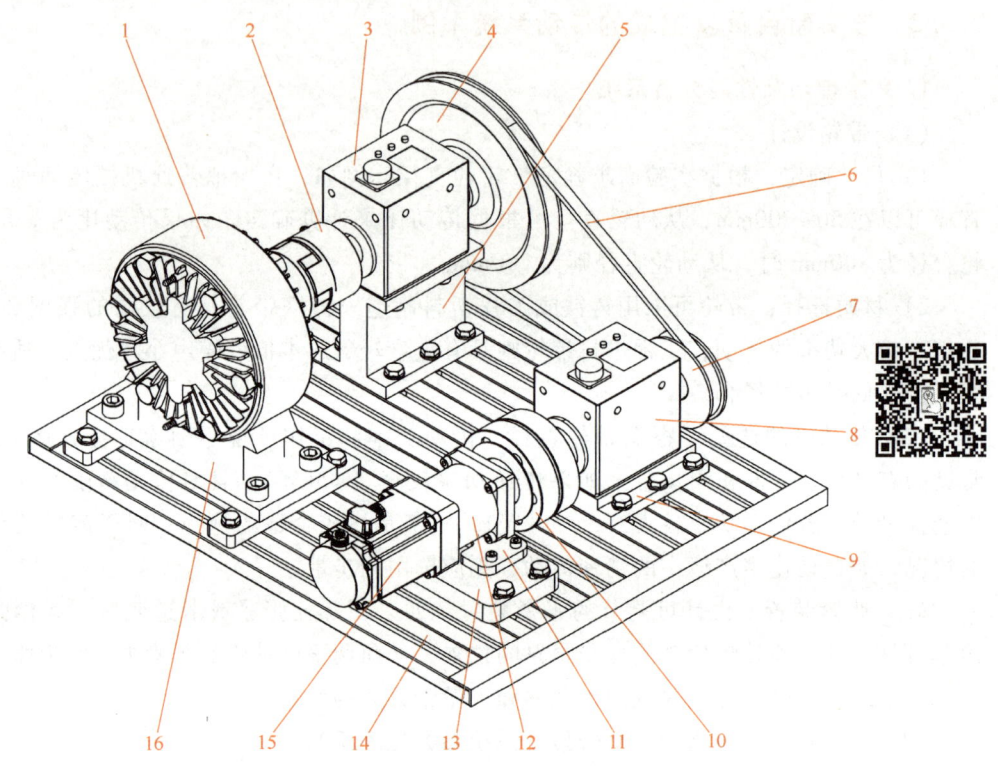

图7-2 V带传动性能分析系统结构示意图

1—磁粉制动器 2—梅花联轴器 3—输出端动态扭矩测试仪 4—大带轮 5—动扭大支座
6—V带 7—小带轮 8—输入端动态扭矩测试仪 9—动扭小支座 10—膜片联轴器 11—电动机座
12—行星减速器 13—调整支座 14—实验平台 15—伺服电动机 16—制动器支座

2. 链传动及性能分析系统

链传动系统由链条和链轮组成，通过链条与链轮的啮合来传递动力和运动。下面介绍其组成、设计要点等内容。

(1) 链传动系统的组成

1) 链条是链传动的中间挠性件，用于传递动力和运动，分为滚子链和齿形链两种类型。

2) 链轮是与链条啮合的带齿零件，通常由轮齿、轮毂、轮辐等部分组成。小链轮通常安装在主动轴上，大链轮安装在从动轴上，通过链条的传动实现两轴间的动力传递。

(2) 链传动系统的设计 链传动的设计主要是根据工作条件和传动要求，确定链传动的参数，如链条的节距、链节数、链轮齿数、中心距等，以保证链传动系统可靠、高效地工作。

1) 确定设计条件。明确传动用途、工作载荷性质、原动机类型、工作环境、传动比、传递功率以及链轮的转速等。例如，在重载、冲击性载荷的工作环境下，需选择强度高、耐磨损的链条和链轮材料；在高温、潮湿的环境中，要考虑链条的防锈、防腐性能。

2) 选择链条类型。根据工作条件和传动要求选择合适的链条类型。滚子链结构简单、成本低，应用广泛，适用于一般的动力传动；齿形链传动平稳、噪声小，适用于高速、高精度的传动场合。

3) 确定链轮齿数。小链轮齿数对链传动的平稳性和使用寿命有较大影响。

4) 计算链条节距。链条节距是链传动的重要参数，节距越大，链条的承载能力越高，但传动的不均匀性和动载荷也越大。根据传递的功率、小链轮转速、工作情况系数等，通过功率曲线图或经验公式计算出所需的链条节距。

5) 确定链节数和中心距。链节数应取偶数，以避免使用过渡链节。中心距的大小会影响链传动的结构紧凑性和工作性能。

6) 计算链速和传动比。链速 v 可由公式 $v = Z_1 n_1 p / (60 \times 1000)$ 计算（Z_1 为小链轮齿数，p 为链条节距，单位为 mm，n_1 为小链轮转速，单位为 r/min），链速不宜过高，一般应限制在 15m/s 以下。传动比 $i = n_1 / n_2 = Z_2 / Z_1$（$n_2$ 为大链轮转速，Z_2 为大链轮齿数），通常链传动的传动比 $i \leq 6$，推荐值为 $i = 2 \sim 3.5$。

7) 校核链的静强度和疲劳强度。对于低速（$v \leq 0.6$m/s）的链传动，主要进行静强度校核，以保证链条在过载时不会发生断裂；对于中、高速的链传动，需要进行疲劳强度校核，确保链条在规定的工作寿命内不出现疲劳破坏。

8) 选择链轮材料和结构。链轮材料应具有足够的强度和耐磨性，常用的材料有碳素钢、合金钢等。小链轮的转速高，所受的冲击载荷大，应选用较好的材料并进行适当的热处理。根据链轮的尺寸和使用要求，选择合适的链轮结构，如整体式、孔板式、组合式等。

9) 设计张紧装置。为了保证链条在工作时具有一定的张紧力，防止链条松边下垂过大而引起跳齿、脱链等现象，需要设置张紧装置。常见的张紧方法有调整中心距张紧、使用张紧轮张紧等。

（3）链传动系统参数　链传动系统参数见表 7-2。

表 7-2　链传动系统参数

参数类型	参数名称	参数值
初始条件	传动功率 P/kW	12
	主动轴转速 n_1/(r/min)	150
	从动轴转速 n_2/(r/min)	75
	传动速度 v/(m/s)	2.16
	传动比 i	2.5
链轮齿数及设计功率	设计功率 P_d/kW	18.36
	小链轮齿数 Z_1/个	17
	大链轮齿数 Z_2/个	34
	主动链轮齿数系数 f_2	1.53

(续)

参数类型	参数名称	参数值
链条节距及链宽	链号	16A
	链条节距 p_2	25.4
	间距 a_0/mm	$30p_2$
链条各项参数	链长节数 X_0/个	41.05
	实际链长节数 X/个	42
	链条长度 L/mm	2.08
	链速 v/(m/s)	2.16
计算中心距	理论中心距 a/mm	414.244
	实际中心距 a'/mm	411.4

(4) 结构示意图 链传动性能分析系统结构示意图如图7-3所示。

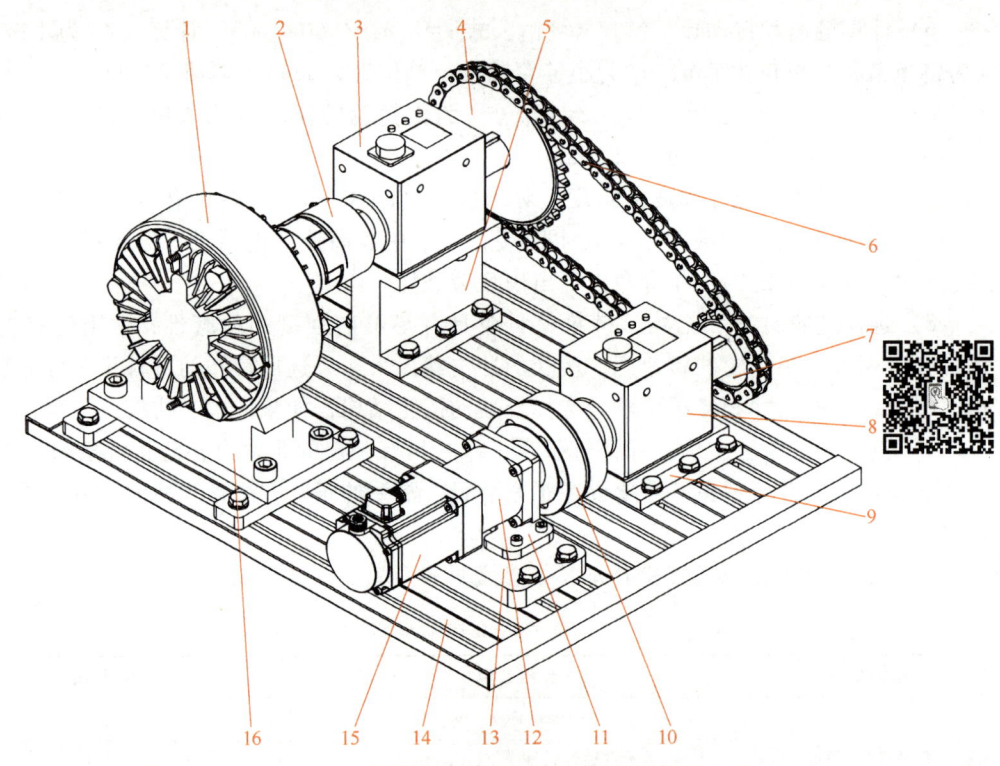

图7-3 链传动性能分析系统结构示意图

1—磁粉制动器 2—梅花联轴器 3—输出端动态扭矩测试仪 4—大链轮 5—动扭大支座 6—链条
7—小链轮 8—输入端动态扭矩测试仪 9—动扭小支座 10—膜片联轴器 11—电动机座
12—行星减速器 13—调整支座 14—实验平台 15—伺服电动机 16—制动器支座

3. 同步带传动及性能分析系统

同步带传动系统是一种综合了带传动和链传动优点的传动装置，它利用带齿与带轮齿的啮合来传递运动和动力。下面介绍其组成和设计要点。

(1) 同步带传动系统的组成

1）同步带是同步带传动系统的关键部件，由承载绳、带齿、带体和覆盖层组成。带齿与带轮的轮齿相啮合，实现准确的同步传动。带体是承载绳和带齿的基体，提供必要的强度和柔韧性。覆盖层则保护带体和承载绳，提高同步带的耐磨性和耐腐蚀性。

2）同步带轮。轮缘上制有与同步带齿相匹配的齿形，材料多为铝合金、钢或工程塑料。铝合金带轮质量轻、散热好，适用于高速运转的场合；钢质带轮强度高、承载能力大，常用于重载传动；工程塑料带轮具有噪声低、耐腐蚀的特点，适用于轻载、要求低噪声的环境。

3）张紧装置用于调整同步带的张紧力，保证同步带与带轮之间有足够的摩擦力，防止打滑和跳齿现象的发生。

（2）同步带传动系统的设计　同步带传动系统的设计需要综合考虑多个因素，以确保其满足特定的工作要求。以下是设计的主要步骤和要点。

1）明确设计要求。确定传动系统的用途、工作条件（如工作环境、温度、湿度等）、传递功率、主动轮和从动轮的转速、传动比以及对传动精度和噪声的要求等。

2）选择同步带类型。根据传递功率、转速、传动比等参数，参考同步带的选型手册，选择合适的同步带型号和规格。常见的同步带类型有梯形齿同步带和圆弧齿同步带。

3）确定带轮齿数。根据传动比和同步带的节距，确定主动轮和从动轮的齿数。为了保证同步带的使用寿命和传动精度，应尽量使带轮的齿数大于最小齿数。最小齿数与同步带的节距和带轮的转速有关。

4）计算同步带长度和中心距。根据带轮的齿数和中心距初定值，计算同步带的长度。同步带的长度应选取标准长度，可通过调整中心距来适应标准带长。

5）计算张紧力。合适的张紧力是保证同步带传动系统正常工作的关键。

6）校核同步带的承载能力。将计算得到的工作拉力和传递功率与许用值进行比较，确保同步带的承载能力满足工作要求。若不满足，需重新选择同步带的型号或调整设计参数。

7）设计带轮结构。根据带轮的齿数、直径、转速以及所选材料，设计带轮的结构。带轮的结构应保证有足够的强度和刚度，同时要便于加工和安装。在设计带轮时，还需考虑带轮的轮毂尺寸、键槽尺寸以及与轴的配合方式等。

8）选择张紧装置和防护罩。根据同步带传动系统的结构和工作要求，选择合适的张紧装置和防护罩。张紧装置的选择应考虑其调整方便性、张紧力的稳定性以及对传动系统结构的影响。

9）进行动力学分析和优化。在完成初步设计后，对同步带传动系统进行动力学分析，计算其在不同工况下的振动、噪声和动态响应等参数。根据分析结果，对设计进行优化，如调整带轮的结构参数、优化同步带的张紧方式等，以提高传动系统的工作性能和可靠性。

（3）同步带传动系统参数　同步带传动系统参数见表7-3。

表7-3　同步带传动系统参数

参数类型	参数名称	参数值
初始条件	传动功率 P/kW	2
	小带轮转速 $n_1/(r/min)$	150
	大带轮转速 $n_2/(r/min)$	75
	传动比 i	3

(续)

参数类型	参数名称	参数值
带型和基准直径	设计功率 P_d/kW	2
	带型	圆弧齿 3M
	小带轮基准直径 d_1/mm	19.1
	大带轮基准直径 d_2/mm	55.39
	选定带节距 P_b/mm	3
	小带轮齿数 Z_1/个	20
	小带轮齿数 Z_2/个	60
轴间距	带速 v/(m/s)	1.44
	所需带长 L_d/mm	399.36
	初定轴间距 a_0/mm	140

（4）结构示意图 同步带传动性能分析系统结构示意图如图7-4所示。

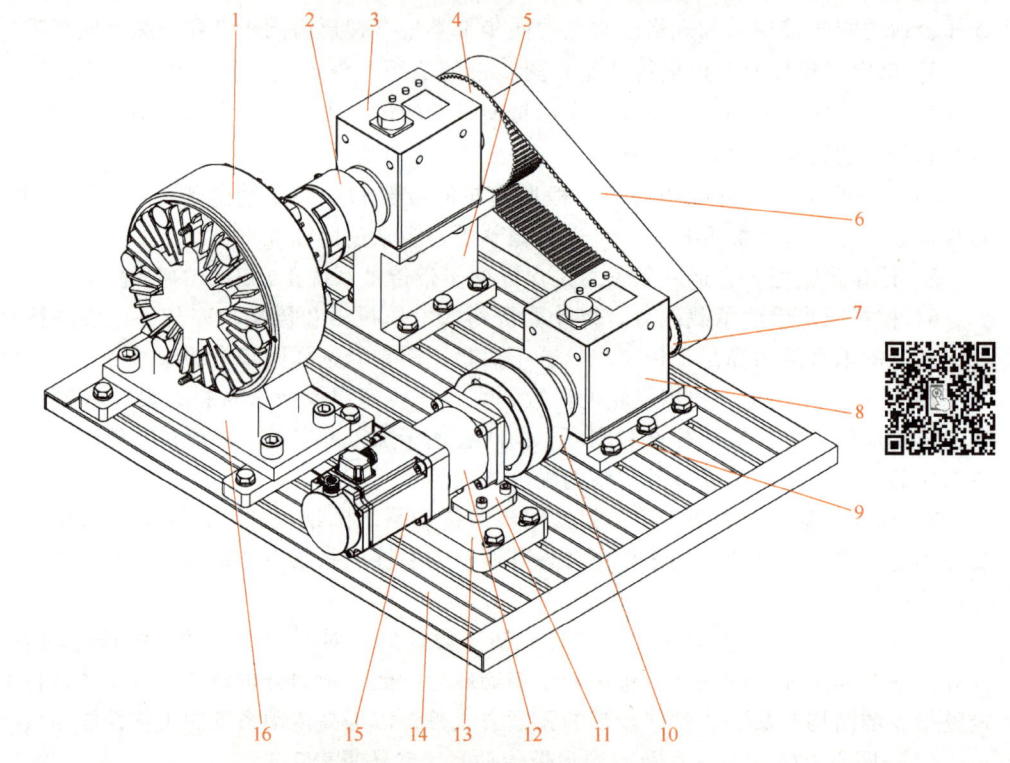

图7-4 同步带传动性能分析系统结构示意图

1—磁粉制动器 2—梅花联轴器 3—输出端动态扭矩测试仪 4—大同步带轮 5—动扭大支座 6—同步带 7—小同步带轮 8—输入端动态扭矩测试仪 9—动扭小支座 10—膜片联轴器 11—电动机座 12—行星减速器 13—调整支座 14—实验平台 15—伺服电动机 16—制动器支座

4. 蜗杆传动及性能分析系统

蜗杆传动是一种用于传递空间交错轴之间运动和动力的机械传动方式。它具有传动比大、结构紧凑、传动平稳、可自锁的特点，但也存在传动效率较低、成本相对较高的情况。

(1) 蜗杆传动系统的组成

1) 蜗轮和蜗杆。蜗轮一般是一个具有螺旋齿的齿轮,其齿形与蜗杆相匹配。它通常安装在输出轴上,用于传递较大的转矩。

2) 箱体。箱体是容纳蜗轮和蜗杆的部件,它的主要作用是支承和固定蜗轮蜗杆,保证它们的相对位置精度。箱体通常采用铸铁或铸钢等材料制造,具有足够的强度和刚度。

3) 轴承。轴承安装在蜗杆和蜗轮的轴上,用于支承轴的旋转,减少摩擦和磨损。

4) 轴包括蜗杆轴和蜗轮轴。蜗杆轴一般是主动轴,它将动力输入到传动系统中。蜗轮轴是从动轴,将动力输出。

(2) 测试系统部分 动态扭矩测试仪用于测量蜗轮蜗杆传动过程中的输入转矩和输出转矩、蜗杆和蜗轮的转速。在测试时,将扭矩传感器安装在蜗杆轴和蜗轮轴上,当轴传递转矩时,传感器会产生与转矩大小成正比的电信号,通过信号采集装置进行处理;并可以监测电动机的输入转速和蜗轮的输出转速,从而计算传动比和效率等参数。

(3) 数据采集与处理系统 该系统包括数据采集卡、计算机和相关软件。数据采集卡用于采集扭矩传感器、转速传感器和温度传感器等的信号,并将其转换为数字信号传输给计算机。计算机中的软件可以对采集到的数据进行分析处理,如计算传动效率(传动效率等于输出功率除以输入功率,通过转矩和转速计算得到)、绘制转矩-转速曲线、温度-时间曲线等,以便直观地了解蜗杆传动系统的性能,为优化设计和故障诊断提供依据。

(4) 加载装置 加载装置用于给蜗杆传动系统施加负载,模拟实际工作中的负载情况。常见的加载方式有机械加载、液压加载和电磁加载。

(5) 蜗轮蜗杆减速器技术参数 实验台采用NMRV040蜗轮蜗杆减速器,其技术参数见表7-4。

表7-4 NMRV040蜗轮蜗杆减速器技术参数

参数名称	参数值
功率范围	0.09~0.55kW
转矩范围	11~53N·m
传动比	5、7.5、10、15、20、25、30、40、50、60、80、100
输入转速	约1500r/min
输出孔直径	18mm
输出轴转速	900~2800r/min
效率	53%~88%
中心距	40mm
质量	约2.3kg
工作温度	-5~40℃
润滑方式	油润滑

(6) 结构示意图 蜗轮蜗杆传动性能分析系统结构示意图如图7-5所示。

5. 锥齿轮传动及性能分析系统

锥齿轮传动是一种用于传递相交轴之间运动和动力的机械传动方式。它通过两个锥齿轮的啮合,能在改变动力传递方向的同时实现变速,具有同时啮合齿数较多、传动效率较高、

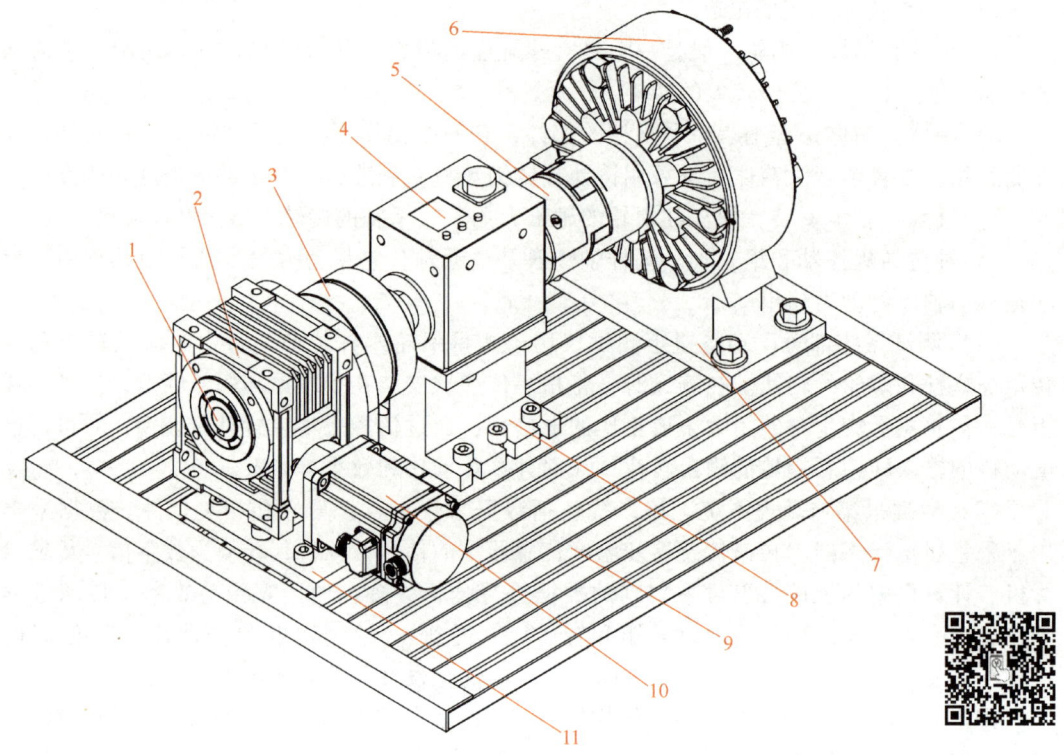

图 7-5 蜗轮蜗杆传动性能分析系统结构示意图

1—输出轴　2—蜗轮蜗杆减速器　3—弹性柱销联轴器　4—动态扭矩测试仪　5—梅花联轴器
6—磁粉制动器　7—制动器支座　8—动扭大支座　9—实验平台　10—伺服电动机　11—减速器支座

结构紧凑等特点，但对安装精度要求较高。

（1）锥齿轮传动系统的组成　本实验采用 AT060A-S 锥齿轮箱，结构图样如图 7-6 所示。

1）锥齿轮。锥齿轮的轮齿分布在圆锥面上。根据齿线形状，可分为直齿锥齿轮、斜齿锥齿轮和曲线齿锥齿轮。直齿锥齿轮的设计和制造相对简单，在低速、轻载的传动中应用较多。

2）轴包括主动轴和从动轴。轴的作用是安装锥齿轮并传递转矩。轴的材料一般根据传递的转矩大小、转速等因素来选择，常用中碳钢或合金钢。为了保证锥齿轮在轴上的正确安装和定位，轴上有相应的轴肩、键槽等结构。

3）轴承用于支承轴并减少轴与支承之间的摩擦。在锥齿轮传动系统中，根据轴向力和径向力的大小和方向，可选用不同类型的轴承。

4）箱体。箱体是锥齿轮传动系统的外壳，它的主要作用是容纳和保护锥齿轮、轴和轴承等部件。箱体一般采用铸铁或铸钢制造，因为这些材料具有良好的铸造性能和减振性能。箱体内部有安装轴承和轴的孔，其精度对于保证锥齿轮的啮合精度非常重要。此外，箱体上还设有注油孔和放油孔，用于润滑和维护。在机床的主传动系统中，箱体的刚度直接影响锥齿轮传动的精度和稳定性。

5）密封装置。为了防止润滑油泄漏和外部杂质进入传动系统，在轴与箱体之间设有密

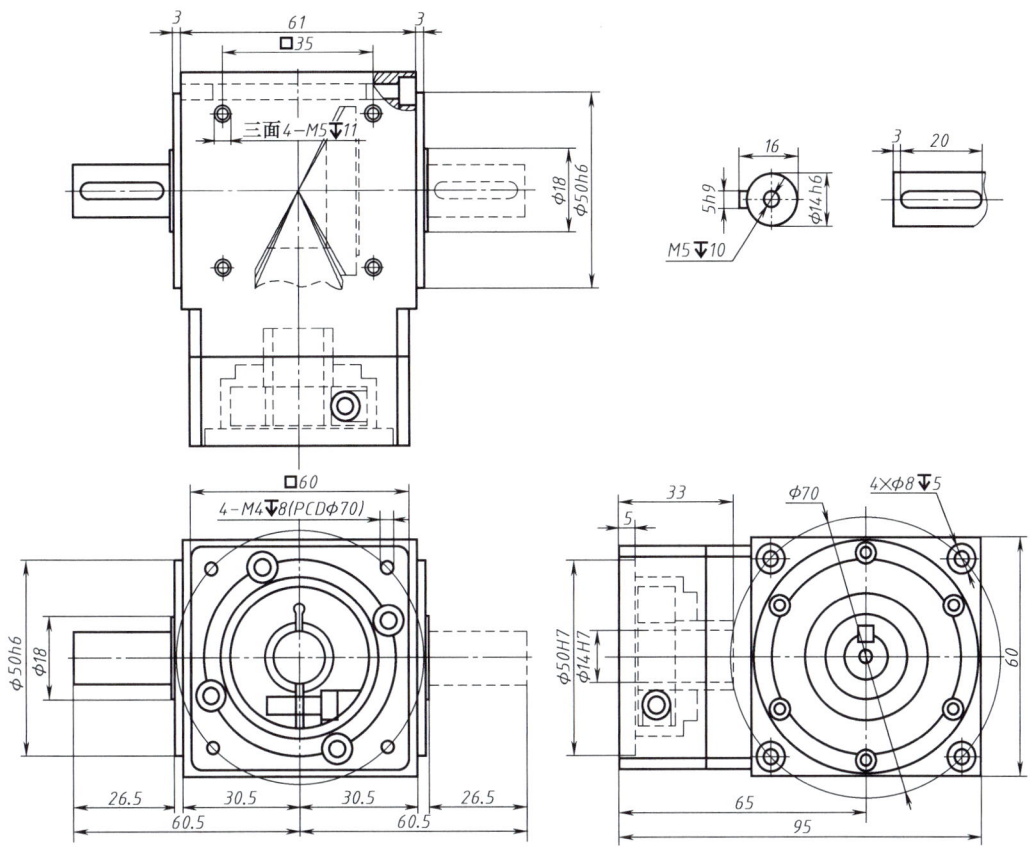

图 7-6 AT060A-S 锥齿轮箱结构图样

封装置。常见的密封方式有唇形密封圈密封和迷宫密封。唇形密封圈密封结构简单、密封效果好，适用于一般的工作环境；迷宫密封具有更好的密封性能和耐高温性能，在一些高速、高温的锥齿轮传动装置中使用，如航空发动机的附件传动系统。

（2）测试系统部分　动态扭矩测试仪用于测量锥齿轮传动过程中的输入转矩和输出转矩、输入输出锥齿轮的转速。在测试时，将动态扭矩测试仪安装在输入和输出轴上，当轴传递扭矩时，传感器会产生与扭矩大小成正比的电信号，通过信号采集装置进行处理；并可以监测电动机的输入转速和锥齿轮的输出转速，从而计算传动比和效率等参数。

（3）数据采集与处理系统　该系统包括数据采集卡、计算机和相关软件。数据采集卡用于采集扭矩传感器、转速传感器和温度传感器等的信号，并将其转换为数字信号传输给计算机。计算机中的软件可以对采集到的数据进行分析处理，如计算传动效率（传动效率等于输出功率除以输入功率，通过扭矩和转速计算得到），绘制扭矩-转速曲线、温度-时间曲线等，以便直观地了解锥齿轮传动系统的性能，为优化设计和故障诊断提供依据。

（4）加载装置　加载装置用于给锥齿轮传动系统施加负载，模拟实际工作中的负载情况。常见的加载方式有机械加载、液压加载和电磁加载。

（5）技术参数　AT060A-S 锥齿轮箱技术参数见表 7-5。

（6）结构示意图　锥齿轮传动性能分析系统结构示意图如图 7-7 所示。

表 7-5　AT060A-S 锥齿轮箱技术参数

参数名称	单位	参数值
额定输出转矩	N·m	4.0、4.5、4.7、4.9、5.1、5.3、6.0
故障停止转矩	N·m	2 倍额定输出转矩
回程侧隙	arcmin	≤2、≤6、≤5、≤12
额定输入转速	r/min	3000
最大输入转速	r/min	6000
噪声	dB	≤60

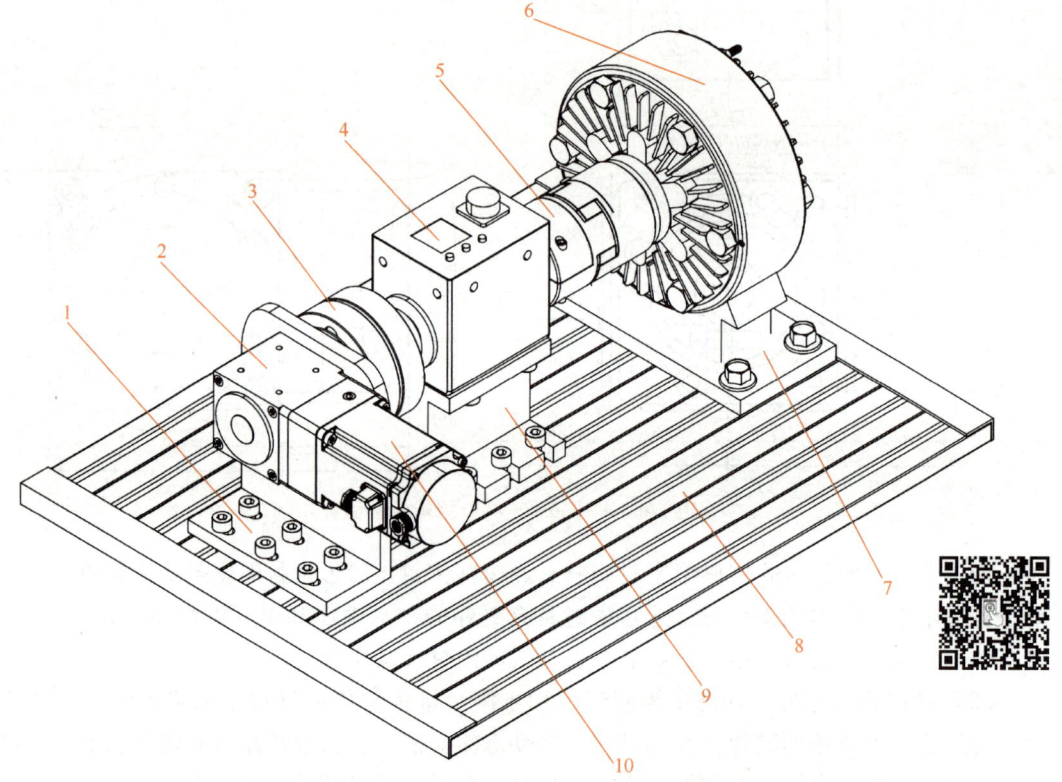

图 7-7　锥齿轮传动性能分析系统结构示意图

1—减速器支座　2—锥齿轮箱　3—弹性柱销联轴器　4—动态扭矩测试仪　5—梅花联轴器
6—磁粉制动器　7—制动器支座　8—实验平台　9—动扭大支座　10—伺服电动机

6. 工业机器人关节减速器传动及性能分析系统

工业机器人关节减速器是工业机器人的关键部件之一，能将电动机的高转速、低转矩转化为机器人关节所需的低转速、高转矩，使机器人能够精准地完成各种动作，如抓取、搬运、装配等。例如，在汽车生产线上的焊接机器人，关节减速器能确保机器人手臂在焊接过程中以合适的速度和力量进行操作。关节减速器的主要类型为 RV 减速器和谐波减速器。

（1）RV 减速器

1）结构特点：由渐开线圆柱齿轮行星减速机构和摆线针轮行星减速机构两部分组成，

具有结构紧凑、刚度大、传动精度高等优点。

2) 应用场景：通常用于机器人的腰、肩、肘等重负载关节，能承受较大的转矩和径向力。例如，大型工业机器人在搬运重物时，RV 减速器可保证关节的稳定性和可靠性。

3) 行星齿轮减速机构。

① 结构组成：由太阳轮、行星轮、行星架和内齿圈等构成。太阳轮与输入轴相连，多个行星轮均匀分布在太阳轮周围并与太阳轮和内齿圈啮合，行星架用于输出动力。

② 工作原理：电动机带动太阳轮旋转，太阳轮驱动行星轮绕其公转，同时行星轮自身也自转。行星轮的公转运动通过行星架输出，实现第一级减速，降低转速并增大了转矩。这一级减速为后续的减速过程提供了基础，并且由于多个行星轮共同分担载荷，使得传动更加平稳，承载能力较强。

③ 对整体性能的影响：行星齿轮减速机构的精度和刚度对 RV 减速器的传动精度和承载能力有重要影响。高精度的行星齿轮加工和装配可以保证传动的准确性，而良好的刚度则能在承受较大负载时减少变形，确保动力传输的稳定性。

4) 摆线针轮减速机构。

① 结构组成：包括摆线轮、针齿壳、针齿销和输出轴等。摆线轮的齿形为摆线，针齿壳上均匀分布着针齿销，摆线轮与针齿销啮合。

② 工作原理：行星齿轮减速机构输出的动力传递给摆线轮，摆线轮在针齿壳内作偏心运动，其运动通过等速传动机构传递到输出轴，实现第二级减速，进一步降低转速并增大转矩。摆线针轮啮合的特点使得摆线针轮具有大传动比，且同时啮合的齿数多，传动平稳，承载能力高。

③ 对整体性能的影响：摆线轮的齿形精度和针齿的分布精度直接关系到 RV 减速器的传动精度和回差。高精度的摆线针轮结构可以有效减少传动过程中的误差和空程，提高机器人关节的定位精度和运动平稳性。同时，摆线针轮减速机构的高承载能力使得 RV 减速器能够适用于重载工业机器人关节。

（2）谐波减速器

1) 结构特点：主要由波发生器、柔轮和刚轮构成，具有体积小、质量轻、传动比大等特点，但承载能力相对较弱。

2) 应用场景：多用于机器人的小臂、腕部等对空间要求较高、负载较小的关节。像电子行业的精密装配机器人，谐波减速器可满足其在狭小空间内的高精度动作要求。

3) 波发生器。

① 结构组成：通常为椭圆形的凸轮结构，其长轴和短轴的尺寸差异是产生谐波传动的关键。

② 工作原理：当波发生器装入柔轮内孔时，由于波发生器的长轴尺寸大于柔轮内孔直径，柔轮在长轴处产生径向变形，形成椭圆形状，从而与刚轮的齿在长轴附近啮合；而在短轴处，柔轮与刚轮脱开。当波发生器旋转时，柔轮的变形部位随之移动，使柔轮与刚轮的啮合状态不断变化，从而实现了动力的传递和减速。

③ 对整体性能的影响：波发生器的形状精度和尺寸精度决定了柔轮变形的均匀性和稳定性，进而影响谐波减速器的传动精度和承载能力。如果波发生器的精度不高，会导致柔轮变形不均匀，产生传动误差和应力集中，降低减速器的使用寿命和性能。

4）柔轮。

① 结构特点：柔轮是一个薄壁的杯形零件，具有一定的弹性，其齿形与刚轮的齿形相匹配。

② 工作原理：在波发生器的作用下，柔轮产生周期性的弹性变形，通过与刚轮的啮合实现减速传动。柔轮的弹性变形使得谐波减速器能够实现大传动比，同时其柔性特点也使得减速器结构紧凑、质量轻。

③ 对整体性能的影响：柔轮的材料选择和壁厚设计对谐波减速器的性能至关重要。合适的材料应具有良好的弹性和疲劳强度，以承受反复的变形而不发生疲劳破坏。壁厚过薄会导致柔轮强度不足，容易损坏；壁厚过厚则会影响柔轮的弹性变形能力，降低传动效率和传动比。此外，柔轮的加工精度，尤其是齿形精度，直接影响传动的准确性和平稳性。

5）刚轮。

① 结构特点：刚轮是一个刚性的内齿轮，齿形与柔轮相配合，固定在减速器的壳体上。

② 工作原理：当柔轮在波发生器的作用下产生变形并与刚轮啮合时，刚轮起到固定和支承的作用，限制柔轮的运动，从而实现动力的传递和减速。刚轮的齿数比柔轮多，两者的齿数差决定了谐波减速器的传动比。

③ 对整体性能的影响：刚轮的加工精度和安装精度影响着与柔轮的啮合质量，进而影响传动精度和承载能力。高精度的刚轮可以保证与柔轮的良好啮合，减少齿间的间隙和误差，提高传动的准确性和平稳性。同时，刚轮的刚度和强度也需要满足要求，以承受传动过程中的载荷，保证减速器的整体性能和可靠性。

（3）关节减速器的性能指标

1）传动精度：直接影响机器人的重复定位精度和轨迹精度。高精度的减速器能使机器人的动作更加精准。例如，在半导体芯片制造中，机器人需要高精度的操作来完成芯片的搬运和加工，对关节减速器的传动精度要求极高。

2）回差：即空程误差，回差过大会影响机器人的定位精度和稳定性。在一些需要频繁起停和换向的机器人应用中，如物流分拣机器人，小回差的减速器能提高工作效率和准确性。

3）刚度：决定了减速器在承受负载时的变形程度。高刚度的减速器能使机器人在工作时保持良好的姿态和稳定性，避免因关节变形而导致的动作误差。例如，在焊接、切割等需要高精度轨迹控制的作业中，关节减速器的刚度至关重要。

（4）发展趋势

1）高精度化：随着工业机器人应用领域的不断拓展，对其精度要求越来越高，关节减速器也朝着更高精度的方向发展，以满足精密制造等行业的需求。

2）高可靠性：工业生产环境复杂，机器人需要长时间稳定运行，因此关节减速器的可靠性成为关键。需要通过优化设计、选用高性能材料和先进的制造工艺，提高减速器的使用寿命和稳定性。

3）轻量化：为了提高机器人的运动速度和灵活性，同时降低能耗，关节减速器在保证性能的前提下，不断追求轻量化设计，采用新材料和新结构来减轻质量。

（5）BX E 系列工业机器人关节减速器　本实验采用 BX-40E 工业机器人关节减速器。图 7-8 所示为 BX-40E 关节减速器结构图，图 7-9 所示为 BX-40E 关节减速器传动示意图，BX-40E 关节减速器技术参数见表 7-6。

第7章 机械传动综合创新设计及性能分析

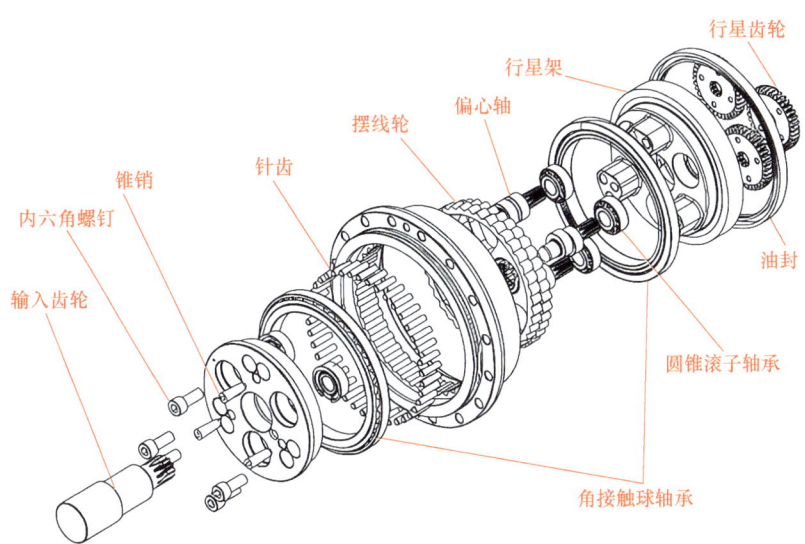

图 7-8 BX-40E 关节减速器结构图

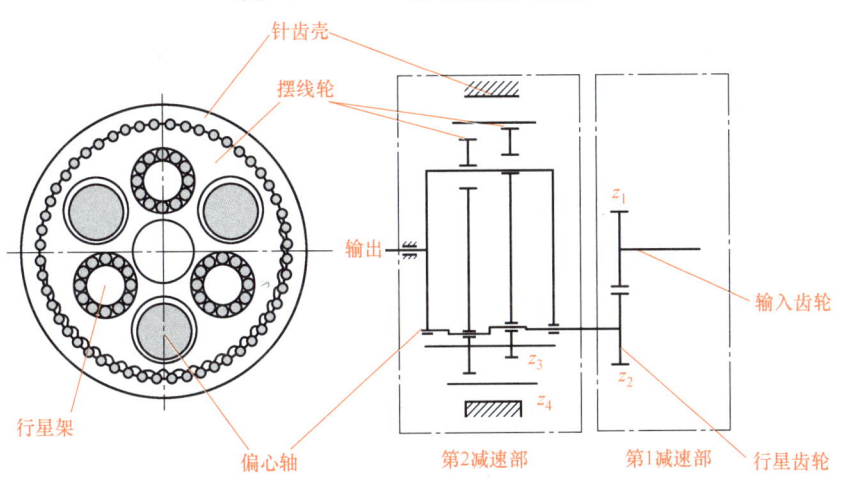

图 7-9 BX-40E 关节减速器传动示意图

表 7-6 BX-40E 关节减速器技术参数

输出转速 /(r/min)	输出转矩 /N·m	输入功率 /kW	力矩刚度 /N·m	允许力矩 /N·m	瞬时最大允许力矩 /N·m	允许最高输出转速 /(r/min)	起动、停止时的允许转矩 /N·m	扭转刚度 /N·m
5	572	0.40						
10	465	0.65						
15	412	0.86						
20	377	1.05						
25	353	1.23	931	1666	3332	70	1029	108
30	334	1.40						
40	307	1.71						
50	287	2.00						
60	271	2.27						

（6）结构示意图　关节减速器传动性能分析系统结构示意图如图 7-10 所示。

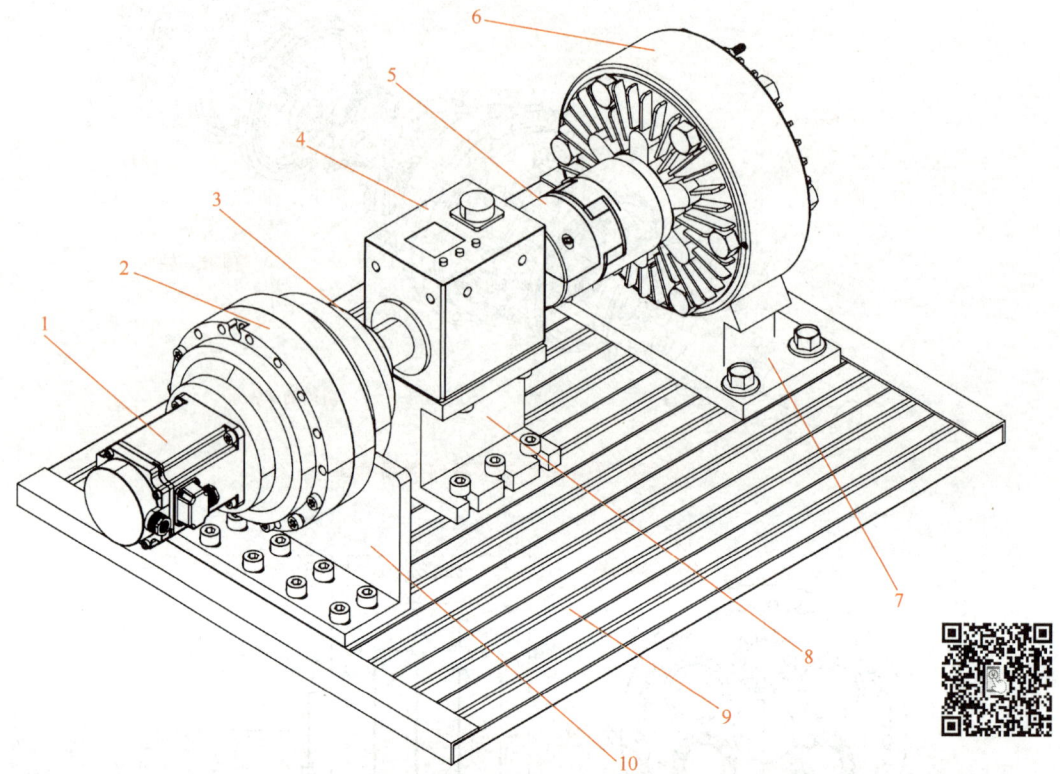

图 7-10　关节减速器传动性能分析系统结构示意图

1—伺服电动机　2—BX-40E 关节减速器　3—弹性柱销联轴器　4—动态扭矩测试仪　5—梅花联轴器　6—磁粉制动器　7—制动器支座　8—动扭大支座　9—实验平台　10—减速器支座

7.6　机械传动装置设计题目

机械传动装置设计题目见表 7-7，学生可根据需求进行选择，确定机械传动方案。

表 7-7　机械传动装置设计题目

序号	工作机	工作条件及要求	总传动比	设计要求
1	带式输送机	用于自动生产线,室内工作,单向运转,工作有轻微振动	50 左右	传动比准确,总效率高
2	卷扬机	将砖、砂石等物料提升到一定高度	40~60	传动链短,有自锁功能
3	混砂机	室外工作,单向运转,载荷变动小	<50	不采用蜗杆传动,总效率较高
4	码垛机	将袋装物料(100kg)进行输送、码垛,室内工作,节拍(10 次/min)	60 左右	采用齿轮传动

7.7 实验方法及步骤

1. 实验准备

（1）知识储备　复习机械原理、机械设计等相关课程知识，预习本实验资料，了解各种机械传动的原理、特点和应用。

（2）实验设备与工具　准备实验所需的设备，如电动机、减速器、带传动装置、链传动装置、齿轮传动装置、联轴器、传感器、测试台架等；准备测量工具，如游标卡尺、千分尺、转速表、动态扭矩测试仪等。

（3）材料准备　准备实验所需的各种传动零件，如带轮、链轮、齿轮、轴、键等，以及连接和固定用的螺栓、螺母等。

（4）分组与分工　每组四名同学，明确成员的分工，如设计负责人、实验操作负责人、数据记录负责人等。

2. 设计方案

（1）确定设计要求　根据实验任务书，明确机械传动系统的输入功率、转速、传动比等基本参数要求，确定工作条件，如工作环境、载荷性质、工作寿命等。

（2）方案设计　各小组讨论并提出多种机械传动系统的设计方案，综合考虑传动比、传动效率、结构紧凑性、成本等因素。对不同方案进行比较和分析，选择最优方案。

3. 实验装置搭建

（1）安装基础部件　将支承架、支座等固定在实验台上，确保水平、稳固。安装电动机，并将其与电源连接，注意接线正确，确保电动机能正常运转。

（2）安装传动装置　根据设计要求，安装带传动装置。将带轮安装在相应的轴上，通过调整张紧轮或改变带轮中心距的方式，使传动带达到合适的张紧程度；或安装链传动装置，确保链轮的安装位置准确，链条的松紧度合适，必要时进行适当的调整；或安装齿轮传动装置，调整齿轮的啮合间隙，保证齿轮传动平稳，无明显的冲击和噪声。

（3）连接各部件　使用联轴器将电动机、减速器和各级传动装置依次连接起来，确保同轴度符合要求，避免因安装误差导致的振动和噪声。

（4）安装传感器　在电动机输出轴、各级传动装置的输入轴和输出轴等关键位置安装转速传感器和扭矩传感器，以便测量转速和转矩数据。

4. 性能分析实验

（1）空载实验　接通电源，起动电动机，使机械传动系统空载运行一段时间，观察系统的运转情况，检查是否有异常振动、噪声或卡滞现象。记录空载时电动机的转速和各传动装置的输入、输出转速，计算各级传动装置的实际传动比，并与设计传动比进行比较。

（2）加载实验　根据实验要求，逐步增加负载，通过在输出轴上安装磁粉制动器来施加不同大小的转矩。在每个负载工况下，稳定运行一段时间后，记录电动机的输入功率、电流、电压，以及各级传动装置的输入、输出转速和转矩数据。计算各级传动装置的传动效率，分析传动效率随负载变化的规律。

（3）过载实验　在一定安全范围内，逐渐增加负载至过载工况，观察机械传动系统的运行状态，记录系统出现异常（如传动带打滑、链条跳齿、齿轮过载损坏等）时的负载大小和转速变化情况。

5. 实验设备清理

实验结束后，关闭电源，拆除实验装置，清理实验设备和工具，将其归位摆放整齐。

6. 完成实验报告

完成实验报告七。

7.8 注意事项和常见问题

1. 注意事项

1）起动电动机前，要先检查实验装置，包括线路连接、装置搭接是否正确、可靠。

2）在施加实验载荷时，应平稳旋动激磁旋钮，并注意输入传感器的最大转矩，不应超过其额定值的 20%。

3）无论做何种实验，均应先起动电动机，后加载荷。严禁先加载后开机。

4）测试时，应按测试系统软件操作，严禁删除计算机内的文件。

5）带轮、链轮与轴连接要采用新型紧定锥套结构，装拆方便、快捷，安装时应保证固定可靠；拆卸时应将螺钉拧入顶出孔，顶出锥套。

2. 常见问题

1）在实验过程中，若电动机转速突然下降或出现不正常的噪声和振动，必须卸载或紧急停车（关掉电源开关），以防电动机转速突然过高，烧坏电动机、电器及发生其他意外事故。

2）在有带、链的实验装置中，若将压轴力直接作用于传感器上，会影响测试精度，此时一定要安装本实验台配置的专用轴承座。

3）测试时，加载一定要平衡缓慢，否则将影响采样的测试精度。

4）如果测试结果误差较大，应检查实验装置安装是否正确，动态扭矩测试仪调零是否正确。

7.9 工程实践及设计方法

机械传动系统是绝大多数机器中不可或缺的重要组成部分。传动系统是把原动机的运动形式、运动及动力参数转变为执行部件所需要的运动形式、运动及动力参数的中间传动装置。机器的工作性能在很大程度上取决于传动装置的优劣。

传动机构的类型很多，常用的机械传动有带传动、链传动、齿轮传动和蜗杆传动等。选择不同类型的传动机构，将会得到不同形式的传动系统方案。为了获得理想的传动方案，应根据主要性能指标合理选择传动机构类型，并进行合理的搭接。

在进行机械传动系统方案设计时，通常可根据设计要求拟定出多种设计方案，最终通过分析比较采用最优的方案。只有掌握机械传动的设计特点，才能使设计出的方案通过科学的评价。

7.9.1 数控机床机械传动系统的设计

数控机床（图 7-11）是数字控制机床的简称，是一种装有程序控制系统的自动化机床。数控机床的操作和监控全部在数控单元中完成，它是数控机床的"大脑"。该控制系统能够逻辑地处理具有控制编码或其他符号指令规定的程序，并将其译码，用代码化的数字表示，通过信息载体输入数控装置。再经运算处理由数控装置发出各种控制信号，控制机床的动作，按图样要求的形状和尺寸，自动地将零件加工出来。数控机床较好地解决了复杂、精密、小批量、多品种的零件加工问题，是一种柔性的、高效能的自动化机床，代表了现代机床控制技术的发展方向，是一种典型的机电一体化产品。高速、精密、复合、智能和绿色是数控机床技术发展的总趋势。

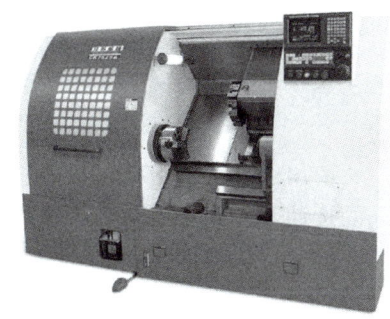
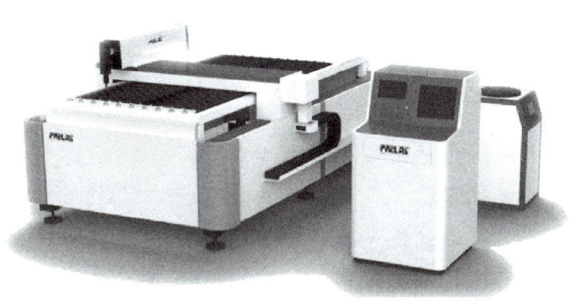

图 7-11 数控机床

1. 主传动系统的组成

主传动系统一般由动力源（如电动机）、变速装置、执行部件（如主轴、刀架、工作台），以及开停、换向和制动机构等部分组成。动力源为执行部件提供动力，并使其得到一定的运动速度和方向；变速装置传递动力并可变换运动速度；执行部件执行机床所需的旋转或直线运动；开停机构用来实现机床主轴的起动和停止；换向机构用来变换机床主轴的旋转方向；制动机构用来控制机床主轴迅速的停转，以减少辅助时间。

2. 主传动系统的设计要求

数控机床的主传动系统除应满足普通机床主传动系统的要求外，还需具有以下特点。

1）具有更大的调速范围，并实现无级调速。为保证加工时能选用合理的切削用量，充分发挥刀具的切削性能，从而获得最高的生产率、加工精度和表面质量，数控机床必须具有高的转速和更大的调速范围。

2）具有较高的精度和刚度，传动平稳，噪声低。数控机床加工精度的提高与主传动系统的刚度密切相关。为此，应提高传动件的制造精度与刚度。例如，齿轮齿面需进行高频感应加热淬火以增加耐磨性。

3）良好的抗振性和热稳定性。数控机床一般既要进行粗加工，又要进行精加工。加工时可能由于断续切削、加工余量不均匀、运动部件不平衡以及切削过程中的自激振动等原因引起冲击力或交变力的干扰，因此在主传动系统中各主要零部件不但要具有一定的静刚度，而且要求具有足够的抑制各种干扰力引起振动的能力——抗振性。

3. 数控机床主传动系统的设计

数控机床采用无级变速系统，以便在一定的调速范围内选择出理想的切削速度，这样既有利于提高加工精度，又有利于提高切削效率。

（1）主传动系统采用直流或交流电动机无级调速　数控机床常用变速电动机驱动运动系统，常用的电动机有直流电动机和交流调频电动机两种。目前在中小型数控机床中，交流调频电动机占优势。设计时，必须注意机床主轴与电动机在功率特性方面的匹配。交流调频电动机通常是通过调频进行变速的，一般为笼式感应电动机结构，体积小、转动惯量小、动态响应快；无电刷，因而最高转速不受火花限制；采用全封闭结构，具有空气强冷，保证高转速和较强的超载能力，具有很宽的调速范围。

（2）数控机床驱动电动机和主轴功率特性的匹配设计　在设计数控机床主传动系统时，必须要考虑电动机与机床主轴功率特性匹配问题。由于主轴要求的恒功率变速范围远大于电动机的恒功率变速范围，所以在电动机与主轴之间需串联一个分级变速器以扩大恒功率调速范围，满足低速大功率切削时对电动机输出功率的要求。

7.9.2　伺服机械传动装置的设计

伺服机械传动装置是伺服系统的一个组成环节，已广泛应用于各种精密机床和精密仪器工作台的自动定位、数控机床拖板移动、机械手与机器人的运动等。其作用是传递转矩和转速，并使伺服电动机和负载之间的转矩与转速得到合理的匹配。

伺服机械传动装置在数控磨床中主要用于工作台（或拖板）、砂轮架的移动和回转等。传动装置的设计既要考虑强度、刚度，也要考虑精度、惯量、摩擦等因素。目前大型机床中的拖板移动式数控轧辊磨床与外圆磨床，其拖板移动、砂轮架移动以及轧辊磨床中高机构摆动等动作，均由伺服电动机驱动。下面以拖板传动链设计为例，介绍传动装置的设计。

1. 传动装置总转速比和伺服电动机型号的选择

伺服机械传动装置的工作情况各不相同，在工作中所受的载荷也多种多样。通常作用在传动装置上的载荷主要有工作载荷、惯性载荷、摩擦载荷等。从伺服电动机到负载的功率传递过程中，总转速比的选择就是转矩和转速的匹配问题。

就拖板而言，伺服机械传动装置的总转速比一般为降速，其总转速比的选择既要考虑对系统稳定性、精确性、快速性的影响，也要考虑伺服电动机与负载的最佳匹配问题；选择电动机型号时需按最大切削负载转矩计算出电动机转矩，同时注意电动机的转子惯量与负载惯量的匹配。

总转速比与电动机的选择可根据负载转矩、功率传递、输出速度等经过多次反复计算来选取。总转速比偏大有利于系统的稳定、低速性能，但同时会造成传动级数增加、传动不紧凑、传动精度降低等。

2. 传动机构形式的选择

总转速比确定后，就可根据具体的要求选择传动机构配置在驱动元件与负载之间，以实现转矩、转速的匹配。一般拖板及砂轮架运动需要较大的力矩，故选择的总转速比较大。为提高传动精度，选择齿轮传动时级数应尽可能少。根据终端输出形式不同，通常可采用以下两种传动机构形式。

（1）滚珠丝杠传动　滚珠丝杠传动具有摩擦阻力小、操作轻便灵活、运动平稳、精度高等优点。但滚珠丝杠的制造周期较长，能制造长度长、直径大、精度高的滚珠丝杠的企业较少；另外长度较长的丝杠由于本身自重引起的挠度较大，需要增加丝杠托持机构等，结构会变得复杂。故只有当机床的精度要求较高且行程较短时，采用滚珠丝杠比较适宜。因丝杠传动的摩擦阻力小，故可选传动比较小的减速器，甚至可以不设减速机构而由电动机直接驱动滚珠丝杠，但需选择驱动转矩较大的电动机。

(2) 齿轮齿条传动　因齿轮齿条之间的间隙在装配时较难消除，故传动精度没有丝杠传动高。但齿轮齿条传动可以不受长度限制，齿条可以根据长度需要拼接，在结构上可简单化。在机床数控轴线精度允许的情况下，选择齿轮齿条传动比较经济。采用齿轮齿条传动时需要较大的力矩才能驱动拖板，因此需要选择传动比较大的减速器，可采用蜗杆传动或齿轮传动减速。

传动装置的设计关系到整台机床的精度、生产效率等。设计人员应根据机床的强度、刚度、精度、机床形式等多种因素合理选择伺服传动装置，从而使设计的产品以最经济实用的方式满足机床要求。

7.9.3　设计一种新型机械传动系统的方法和步骤

1. 需求分析与规划

（1）确定应用场景和性能要求　根据不同的应用领域，如工业设备、汽车、航空航天等，明确机械传动系统所需满足的性能要求。例如，在汽车传动系统中，需要满足动力传输的效率、换档平顺性、可靠性等要求；在工业机器人传动系统中，可能更注重传动精度和响应速度。

（2）定义工作参数　确定传动系统需要传递的功率、转矩范围，输入和输出转速以及工作环境的温度、湿度、振动等条件。

2. 传动方案设计

（1）选择传动方式及元件　借鉴传统和现代的传动设计理念，结合不同传动方式的优势。例如，在重型机械中可采用液压传动与机械传动相结合的方式，液压传动用于实现精确的运动控制，机械传动用于高效的大功率动力传递。选用具有较高传动效率的齿轮、带、链条等元件。

（2）传动系统结构设计　合理确定传动比、转速比、中心距等参数，考虑传动系统的空间布局，确保紧凑性和可维护性。

3. 可靠性与耐久性设计

（1）可靠性分析方法　采用故障树分析方法，建立故障树模型，分析传动系统可能出现的故障及其原因。针对不同的故障模式，采取相应的防范措施，如在设计关键部件时增加冗余设计。

（2）寿命预测与延长　研究传动系统各元件的寿命特性，根据其在实际工况下的应力、应变情况，预测其使用寿命。通过采用耐磨损、抗疲劳的材料及合理的维护策略来延长传动系统的整体寿命。

4. 试验验证与改进

（1）性能试验　制作传动系统的试验样机，在实验室或实际应用场景下进行性能试验。试验内容包括传动效率测试、精度测试、可靠性测试等。例如，在汽车变速器开发过程中，在台架试验设备上模拟不同的行驶工况，测试变速器的各项性能指标。

（2）问题改进与优化　根据试验结果，对传动系统存在的问题进行分析和改进。如发现传动效率未达到预期目标，可能需要重新优化传动元件的选型或调整传动比等参数。重复"试验-改进-再试验"的循环过程，直到传动系统满足设计要求。

7.9.4 机械传动系统的发展趋势

(1) **高精度和高可靠性**　通过采用先进的制造工艺、材料和设计方法,提高传动系统的精度和稳定性,满足高端制造的需求。

(2) **轻量化和小型化**　机械传动系统需要实现轻量化和小型化,以降低能耗和提高能效。通过优化设计、采用轻质材料和新型传动结构,实现传动系统的轻量化和小型化。

(3) **智能化和网络化**　通过集成传感器、控制器和通信模块,实现传动系统的实时监测、故障诊断和远程控制,提高系统的智能化水平。

(4) **模块化和标准化**　通过制定统一的接口和标准,实现传动系统的快速组装和互换性,降低生产和维护成本。

(5) **新能源技术的融合**　随着新能源技术的不断发展,机械传动系统与电力电子控制技术、电池管理系统等深度融合,可满足新能源车辆的高效、节能需求。

(6) **高效传动技术**　高效传动技术包括行星齿轮传动、谐波传动、摩擦传动和液力传动等。这些技术通过优化传动比、减少能量损耗和提升传动效率,满足现代机械对高效能的要求。

(7) **新材料和新工艺的应用**　采用轻量化材料和精密制造技术,如纳米技术,提高传动部件的性能和使用寿命,同时减小传动系统的整体质量,提升能效。

附 录

1. 交流伺服电动机

实验台驱动部分均采用 60ST-M01330LBX 交流伺服电动机配套 SD300-20AL 驱动器，如附图 1 所示。

（1）产品特点

1）高精度：得益于 17 位绝对值编码器，可实现精确的位置控制和速度控制，定位精度高，能够满足各种精密加工、装配等对精度要求较高的工作任务。

2）低噪声：电动机在运行过程中产生的噪声较小，有利于营造相对安静的工作环境，适用于对噪声要求严格的场合，如实验室、医疗设备等。

3）恒转矩输出：在不同的转速下都能保持较为稳定的转矩输出，确保设备运行的稳定性和可靠性，即使在负载变化的情况下，也能较好地完成工作任务。

附图 1　伺服电动机及驱动器

4）响应速度快：可以在极短的时间内对控制信号做出反应，快速达到目标位置和速度，提高设备的工作效率和生产节拍，适合应用于需要频繁起停和快速响应的自动化生产线。

5）控制方式多样：配套的驱动器支持速度控制、位置控制、转矩控制三种控制方式，可通过脉冲或者 485 通信进行控制，还兼容回传 660 驱动的功能，脉冲 5~24V 通用，IO 口不分 NPN 还是 PNP，用户可根据实际需求灵活选择控制方式。

（2）应用领域

1）工业自动化：如小型机械臂、自动化生产线的物料搬运、定位装置等，可实现精确的位置和速度控制，提高生产效率和产品质量。

2）激光加工设备：在激光切割机、激光雕刻机等设备中，用于控制激光头的运动轨迹，实现高精度的激光加工。

3）3D 打印设备：控制打印头的移动和平台的升降，保证打印精度和质量，有助于实现复杂形状的 3D 模型打印。

4) 医疗器械：如手术机器人、医疗影像设备中的扫描部件等，能够提供高精度的运动控制，确保医疗操作的准确性和安全性。

5) 数控机床：可以精确控制刀具的运动，实现对工件的高精度加工，提高加工质量和效率。

(3) 驱动器接线图　附图 2 所示为伺服电动机驱动器接线图。

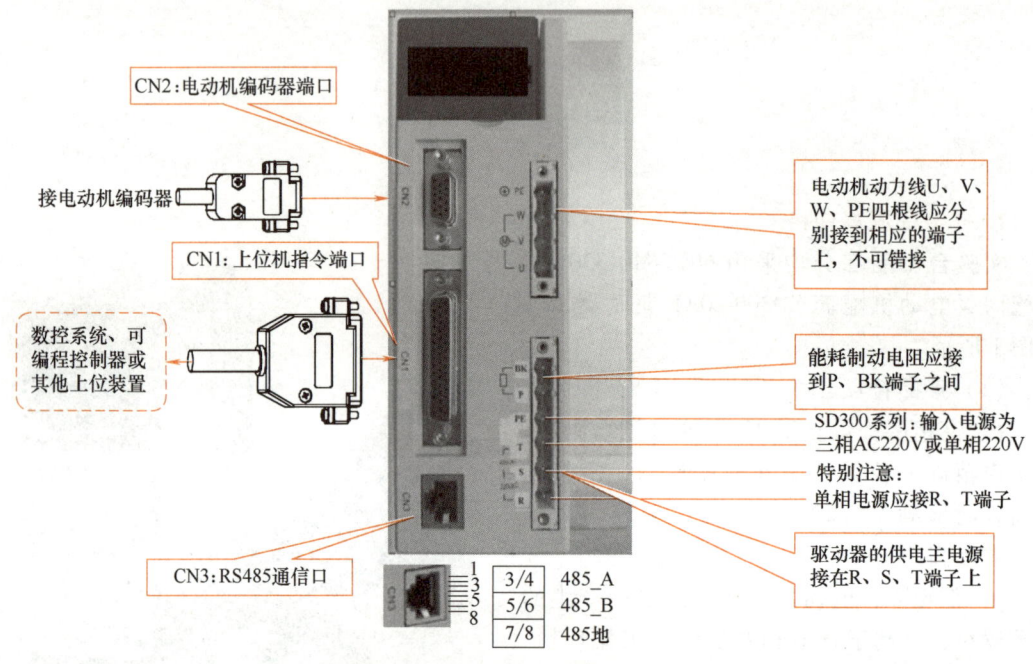

附图 2　伺服电动机驱动器接线图

(4) 技术参数　见附表 1。

附表 1　伺服电动机技术参数

电动机型号	60ST-M00630LBX	60ST-M01330LBX	60ST-M01930LBX
额定功率/W	200	400	600
额定线电压/V	220	220	220
额定线电流/A	1.2	2.8	3.5
额定转速/(r/min)	3000	3000	3000
额定力矩/N·m	0.637	1.27	1.91
峰值力矩/N·m	1.91	3.9	5.73
反电动势/(V/1000r/min)	30.9	29.6	34
力矩系数/(N·m/A)	0.53	0.45	0.55
转子惯量/kg·m^2	0.175×10^{-4}	0.29×10^{-4}	0.39×10^{-4}
绕组(线间)电阻/Ω	6.18	2.35	1.93
绕组(线间)电感/mH	29.3	14.5	10.7
电气时间常数/ms	4.74	6.17	5.5
质量/kg	1.16	1.63	2.07
电动机绝缘等级	F		
防护等级	IP64		
使用环境	环境温度：-20~+50℃；环境湿度：相对湿度<90%(不结霜条件)		

2. DYN-200 动态扭矩测试仪

实验台驱动部分均采用 DYN-200 动态扭矩测试仪（附图3），可用于测量电机转矩、电动机扭力及转速等参数。

（1）产品特点

1）高精度测量：采用先进的传感器技术和信号处理算法，能够精确测量各种动态转矩，保证测量数据的准确性和可靠性，为用户提供精准的测试结果。

2）实时监测与快速响应：可以实时监测设备运行中的转矩变化，快速响应转矩的动态波动，及时捕捉转矩的峰值和谷值，帮助用户全面了解设备的转矩运行状况。

附图3　DYN-200 动态扭矩测试仪

3）稳定性好抗干扰强：具备良好的稳定性，不易受外界因素的影响，如温度变化、电磁干扰等，在各种复杂的工业环境中都能稳定工作，确保测量结果的一致性和可靠性。

4）适应性广：适用于多种旋转轴的工作环境，可与不同类型和规格的电机、电动机等设备配合使用，满足不同用户的多样化测试需求。

（2）应用领域

1）航空航天与国防：在航空发动机、导弹发动机等的研发和生产过程中，用于测试发动机的转矩输出，确保发动机的性能和可靠性。

2）工业自动化：可应用于各种自动化生产线中的电动机、减速器、联轴器等设备的转矩测量，帮助工程师优化设备的运行参数，提高生产效率和产品质量。

3）汽车制造：在汽车发动机、变速器的生产和测试过程中，用于测量发动机的输出转矩、变速器的传递转矩等，为汽车的性能优化和质量控制提供重要的数据支持。

4）新能源领域：如风力发电、电动汽车等领域，用于测量风力发电机的转矩、电动汽车驱动电机的转矩等，有助于提高新能源设备的效率和可靠性。

（3）技术参数　见附表2。

附表2　DYN-200 动态扭矩测试仪的主要技术参数

参数类别	具体参数
量程	±20000N·m
转速量程	≤10000r/min
转速信号	120/60/10 脉冲/r
零点输出	±0.05%FS
非线性	0.1%FS
滞后	0.5%FS
重复性	0.05%FS
蠕变(30min)	0.03%FS
温度灵敏度漂移	0.05%FS/10℃
零点温度漂移	0.05%FS/10℃
响应时间	0.6ms(50%反应)

(续)

参数类别	具体参数
安全过载	150%
电缆线规格	$\phi 5mm \times 3m$
响应频率	1kHz
采集速度	1000 次/s
显示范围	$-99999 \sim 99999$
惯性力矩	$0.38 kg \cdot cm^2$
转子振动固有频率	1.94kHz
扭力常数	$3.85 \times 10 N \cdot m/rad$
材质	不锈钢
年稳定性	0.3%
负载电阻	$>2k\Omega$
使用电压	DC24V,0.2A
消耗电流	>150mA
工作环境	环境温度:$-10 \sim 50$℃;环境湿度:$0\% \sim 85\%$RH

注：FS 是满量程 Full Scale 的缩写，"X%FS" 表示误差相对于满量程的比例为 X%。

(4) 安装方式 动态扭矩测试仪采用键槽或者联轴器与旋转件连接，附图 4 所示为一安装示例。

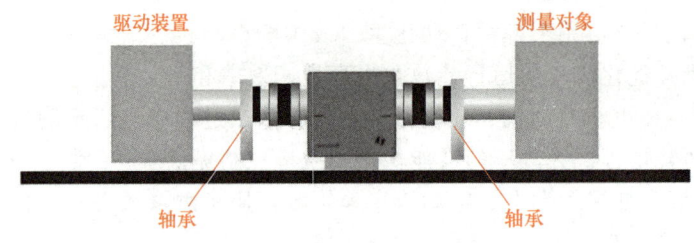

附图 4 动态扭矩测试仪安装示例

(5) 数据采集及使用

1) 方式一可以直接从测试仪上的显示屏直接读取，附图 5 所示为动态扭矩测试仪设置及显示界面。

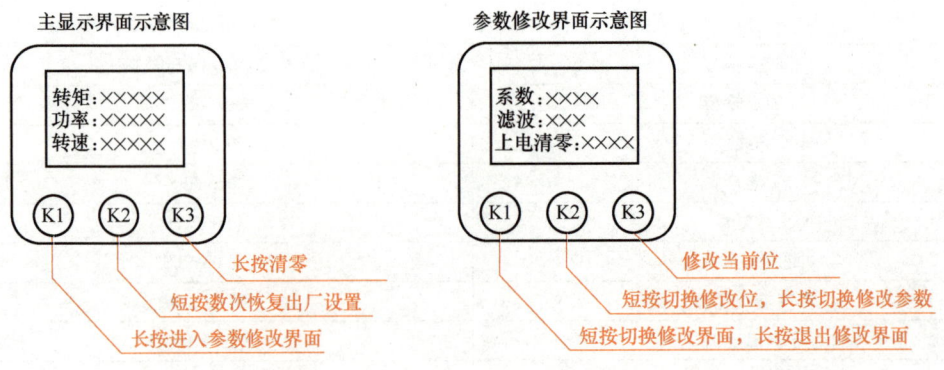

附图 5 动态扭矩测试仪设置及显示界面

2）方式二可以通过自带软件采集、整理数据。进入工控机系统界面（附图 6），双击打开"系统测试"图表，进入测试系统，附图 7 所示为测试系统测量界面。

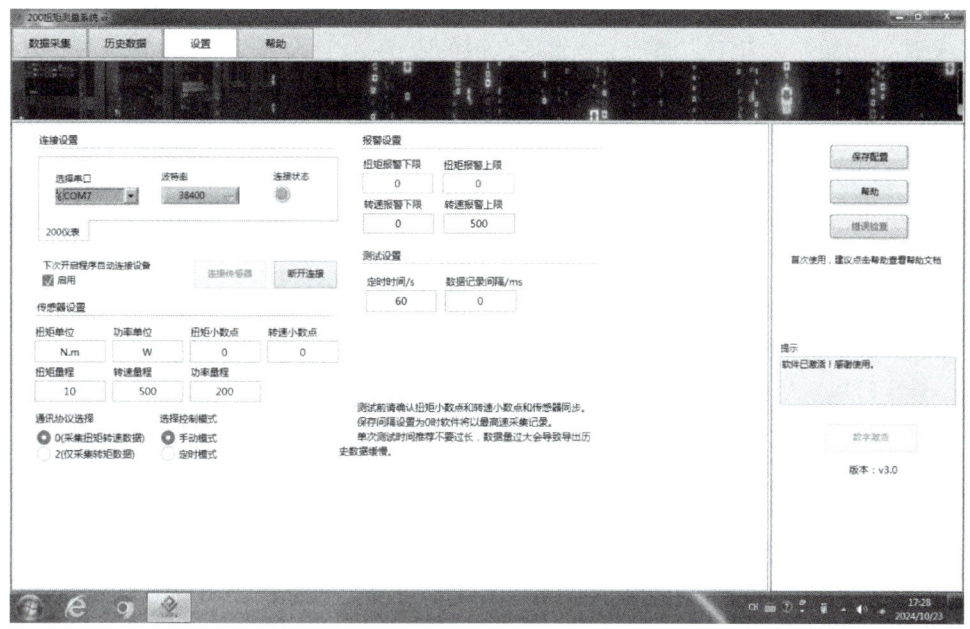

附图 6　工控机系统界面

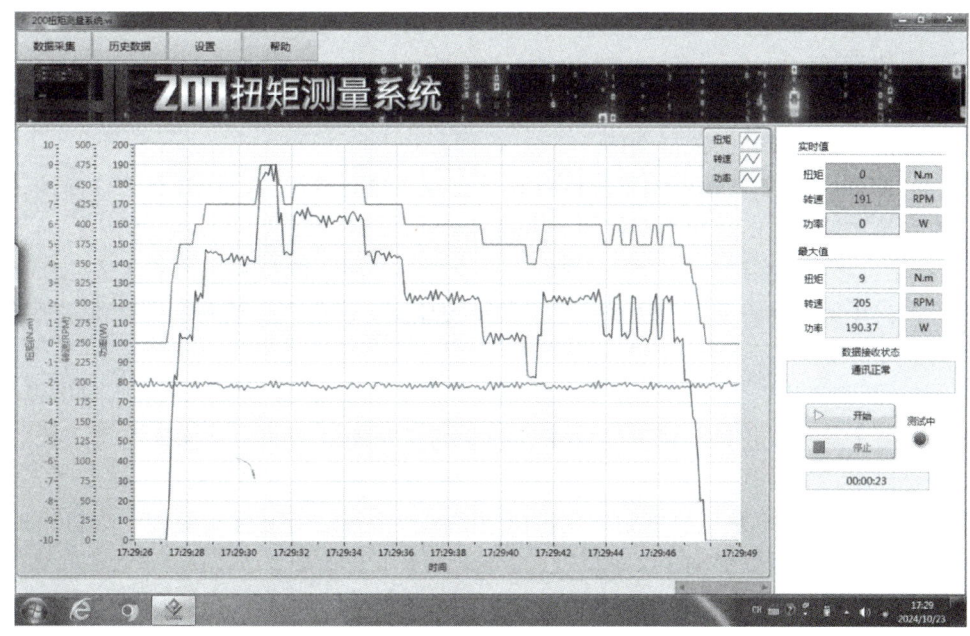

附图 7　测试系统测量界面

3. CYT-102 小巧型压力变送器

当压力信号作用于传感器时，压力传感器将压力信号转换成电信号，经差分放大和输出放大器放大，最后将 V/A 电压/电流转换成与被测介质的液位压力成线性对应关系的 4～

20mA 标准电流输出信号。

CYT-102 小巧型压力变送器（附图 8）采用带不锈钢隔离膜的压力传感器作为信号测量元件，并经过计算机自动测试，用激光调阻工艺进行了宽温度范围的零点和温度性能补偿。信号处理电路位于不锈钢壳体内，可将传感器信号转换为标准输出信号。整个产品经过了元器件、半成品及成品的严格测试及老化筛选，性能稳定可靠。

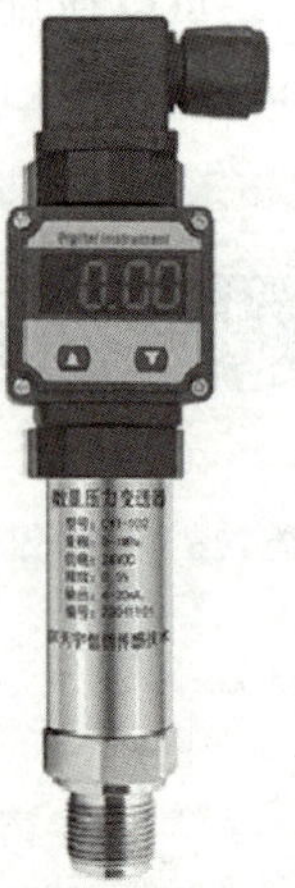

（1）产品特点

1）小体积：设计精巧，占用空间小，便于安装在空间有限的设备或管道上。

2）高性价比：在满足测量需求的同时，价格相对合理，具有较高的性价比。

附图 8　CYT-102 小巧型压力变送器

3）高稳定性：选用高稳定性压力传感器组件，经过高可靠性的放大电路及精密温度补偿，确保在不同环境条件下都能稳定工作。

4）高灵敏度：能够快速、准确地感知压力的变化，输出相应的电信号。

5）多种量程选择：测量范围广，表压 0~0.01MPa 至 0~250MPa，绝对压力为 0~0.1MPa 至 0~250MPa，真空 0~-0.1MPa，可满足不同用户的需求。

6）压力类型多样：可测量表压、绝对压力、真空等多种压力类型。

7）准确度高：提供 1.0 级、0.5 级、0.25 级、0.1 级等多种准确度等级供用户选择。

（2）应用领域

1）液压及气动控制系统：用于测量液压系统中的油压、气压系统中的气压，为系统的压力控制和调节提供准确的数据支持。

2）液位测量与控制：通过测量液体对容器底部或侧面的压力，计算出液位高度，实现对液位的监测和控制，广泛应用于储罐、水箱等容器的液位测量。

3）石化、环保、空气压缩：在石油化工行业中，可用于测量管道内的压力、反应釜内的压力等；在环保领域，可用于污水处理厂的压力监测；在空气压缩系统中，可用于监测压缩机的出口压力等。

4）电站运行巡检、机车制动系统：在电站中，用于监测蒸汽管道、水管道等的压力，确保电站的安全运行；在机车制动系统中，用于测量制动缸的压力，保证制动系统的正常工作。

5）热电机组：可对热电机组中的蒸汽压力、水压力等进行测量和监控，为机组的稳定运行和优化控制提供数据依据。

6）轻工、机械、冶金：在轻工业中，如食品饮料行业的灌装生产线，可用于监测液体的压力；在机械制造行业，可用于机床液压系统的压力测量；在冶金行业，可用于高炉、转炉等设备的压力监测。

7）楼宇自控、恒压供水：在楼宇自动化系统中，用于监测空调系统、给排水系统等的压力；在恒压供水系统中，通过监测水压，实现对水泵的控制，保证供水压力的稳定。

8）其他自动控制和检测系统：可应用于各种需要对压力进行测量和控制的自动控制系

统中，如自动化生产线、实验设备等。

（3）技术参数　见附表3。

附表3　CYT-102小巧型压力变送器技术参数

参数类别	具体参数
介质	液体、气体（对不锈钢无腐蚀）
整体材质	膜片:316L不锈钢;过程连接:304不锈钢
测量范围	0~0.01MPa至0~250MPa（量程范围内任选）
过载	1.5~2倍满量程压力
压力类型	表压、绝对压力、负压
精确度	0.25%FS（量程≥100kPa）;0.5%FS（量程<100kPa）
稳定性	±0.1%FS/年；≤0.2%FS/年
零点漂移	±0.03%FS/℃（≤100kPa），±0.02%FS/℃（>100kPa）
满度漂移	±0.03%FS/℃（≤100kPa），±0.02%FS/℃（>100kPa）
介质温度	−30~85℃
存储温度	−40~80℃
供电电源	DC9~36V宽电压（本安型经安全栅供电）
输出信号	4~20mA、0~5V、0~10V、RS485通信（标准MODBUS-RTU）
响应时间	8ms
负载电阻	>5kΩ
过程连接	M20×1.5、M18×1.5、G1/2、G1/4、1/4NPT、卡箍等
外壳防护	电缆线和接插件连接均为IP65
功率	0.5W
产品质量	0.37kg

（4）数显压力传感器接线图　附图9所示为压力变送器的接线图（4~20mA/HART两线制），展示了压力变送器与电源和仪表的连接方式。

4. DYLY-103 S型拉压力传感器

DYLY-103 S型拉压力传感器（附图10）能精准测量物体所受拉力与压力，为工业生产中各类称重、测力场景提供关键数据支撑，确保设备稳定运行与生产流程的精确控制，被广泛用于工业称重、测力系统及自动化设备，助力提升生产效率与产品质量。

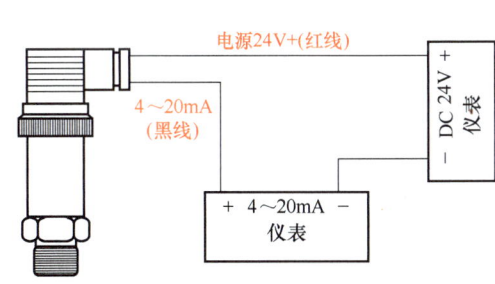

附图9　压力变送器的接线图

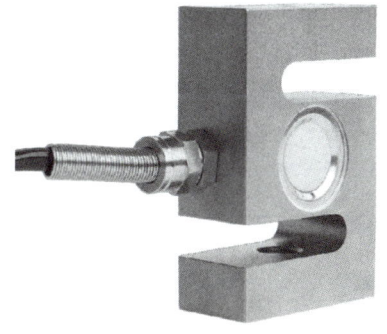

附图10　DYLY-103 S型拉压力传感器

(1) 工作原理　DYLY-103 S型拉压力传感器主要基于应变片的压阻效应工作。当有拉力或压力作用于S型梁体结构时，梁体会产生弹性形变，粘贴在梁体上的应变片随之发生变形，进而导致其电阻值改变。通过测量应变片电阻值的变化，再经过惠斯通电桥等电路转换，最终可输出与所受拉力或压力成比例的电信号。

(2) 产品特点

1) 结构材质：采用S型梁体结构，优选42CrMo合金钢等材质，部分产品表面有镀镍处理，具有良好的抗机械疲劳性能和淬透性。

2) 测量范围及精度：量程范围广，0~5t，精度较高。

3) 高精度测量：非线性、滞后、重复性等指标均达到0.03%FS，说明该传感器在测量过程中的误差较小，测量结果精准度高，能为工业生产、科研实验等提供可靠的数据支持。

4) 稳定的电气性能：输出灵敏度为2.0mV/V，能稳定输出与所受拉力或压力成比例的电信号；350Ω的阻抗和较为宽泛的使用电压（DC5~15V），使其在不同的电路环境中都能较好地适配。绝缘电阻≥5000MΩ（DC100V），有效防止漏电现象，保障传感器的安全稳定运行。

5) 适应不同环境：工作温度范围为-20~80℃，在较宽的温度区间内都能正常工作，适应不同环境温度条件下的测量需求。同时，电缆线具备一定的耐拉力（线缆极限拉力100N），能适应较为复杂的安装和使用环境。

6) 响应速度快：响应频率达10kHz，能够快速捕捉到力的变化并及时输出相应信号，适用于对力的动态变化监测要求较高的应用场景。

7) 过载能力强：具备150%的安全过载和200%的极限过载能力，在实际使用中，即使偶尔出现超出量程的力，也能在一定程度上避免传感器被损坏，提高了设备的可靠性和耐用性。

8) 温度漂移小：零点温度漂移和温度灵敏度漂移相对较小，分别为0.05%FS/10℃和0.03%FS/10℃，说明在温度变化时，传感器的测量精度受温度影响较小，能在不同温度环境下保持稳定的测量性能。

(3) 应用领域

1) 工业称重：广泛应用于皮带秤、料斗秤、机电结合秤等各类称重设备，实现对物料质量的精确测量和监控。

2) 测力系统：常用于万能材料试验机、吊钩秤及各种工程装置的测力系统，为相关设备提供准确的拉力或压力测量数据。

3) 自动化设备：可作为自动化生产线上的力检测元件，如在自动化包装设备中，检测包装力的大小，确保包装质量。

(4) 技术参数　见附表4。

附表4　DYLY-103 S型拉压力传感器技术参数

项目	参数	项目	参数
量程	0.2~1t、2~5t	安全过载	150%
材质	合金钢	蠕变（30min）	0.03%FS
输出灵敏度	2.0mV/V	极限过载	200%

（续）

项目	参数	项目	参数
阻抗	350Ω	温度灵敏度漂移	0.03%FS/10℃
零点输出	±1%FS	电缆线规格	φ5mm；0.2~1t/2m
绝缘电阻	≥5000MΩ/(DC100V)	零点温度漂移	0.05%FS/10℃
非线性	0.03%FS	线缆极限拉力	100N
使用电压	DC5~15V	响应频率	10kHz
滞后	0.03%FS	重复性	0.03%FS
工作温度范围	-20~80℃		

5. DYMH-101型压电膜盒式传感器

DYMH-101型压电膜盒式传感器（附图11）是一种利用压电效应将压力等机械量转换为电信号的传感器。其采用平膜片压力、壳膜一体化结构，材质为合金钢，工作温度范围为-20~80℃，适用于各种负载称重、工业自动化测量控制系统。

（1）产品特点

1）高灵敏度：能够对微小的压力变化产生明显的电信号响应，从而实现对压力的精确测量。

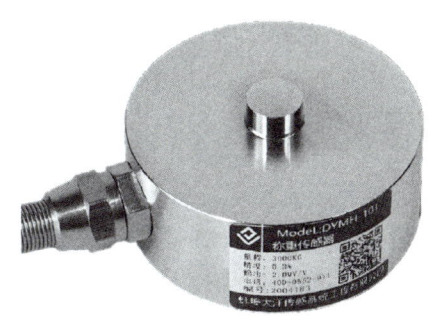

附图11 DYMH-101型压电膜盒式传感器

2）快速响应：可以快速地将压力变化转换为电信号输出，适用于动态压力测量和快速变化的压力监测场景。

3）稳定性好：其结构设计使得传感器在长期使用中能够保持性能稳定，减少因环境因素或长期使用而导致的测量误差。

4）抗干扰能力强：在复杂的工业环境中，能够有效抵御外界电磁干扰等因素的影响，确保测量信号的准确性。

5）体积小：便于安装和集成到各种设备和系统中，不会占用过多的空间，可满足不同应用场景对空间的限制要求。

6）可靠性高：采用优质的材料和先进的制造工艺，具备较高的可靠性和耐用性，可在恶劣的工业条件下长时间稳定工作。

（2）应用领域

1）工业自动化。

① 生产设备监测：在各类生产设备中，如包装机械、流水线设备等，用于检测产品在传送、搬运、加工过程中的受力情况，确保生产过程的稳定进行，及时发现异常受力，避免产品损坏或设备故障。

② 质量检测：可安装在材料试验机、万能试验机等设备上，精确测量材料在拉伸、压缩过程中的力值变化，为材料性能评估和质量控制提供准确数据。

2）汽车制造与检测。

① 零部件测试：在汽车零部件的生产过程中，对发动机、底盘、悬架等部件进行拉力和压力测试，确保零部件的强度和可靠性符合标准，保障汽车的整体质量和安全性。

② 车辆运行监测：用于监测汽车行驶过程中的轮胎胎压、制动系统压力等参数，为车辆的安全行驶提供实时数据支持。

3）航空航天。

① 飞行安全保障：在飞机起落架的收放过程中，精确检测起落架的受力情况，确保起落架的正常工作，保障飞机的安全起降。

② 姿态控制：在航天器的姿态调整过程中，检测推进器推力的大小，为航天器的精确控制提供关键数据，确保航天器的飞行姿态和轨道精度。

4）生物医学工程。

① 医疗设备监测：在呼吸机、输液泵等医疗设备中，监测气体或液体的压力变化，确保设备的正常运行，为患者提供稳定的治疗支持。

② 康复治疗：用于康复设备中，监测患者在康复训练过程中的肌肉力量、关节受力等参数，为医生评估患者的康复进展和调整治疗方案提供依据。

5）其他领域。

① 衡器制造：广泛应用于各种衡器，如皮带秤、料斗秤、吊钩秤等，实现对物体质量的精确测量，确保计量的准确性。

② 建筑工程：在建筑结构的应力监测、桥梁的负荷监测等方面发挥重要作用，为工程的安全评估和质量监控提供数据支持。

（3）技术参数　见附表5。

附表5　DYMH-101型压电膜盒式传感器技术参数

项目	参数	项目	参数
量程	50~15000kg	材质	合金钢
输出灵敏度	[(1.0~2.0)±0.01]mV/V	阻抗	700Ω
零点输出	±2%FS	绝缘电阻	>5000MΩ(DC100V)
非线性	0.3%FS	使用电压	5~15V
滞后	0.1%FS	工作温度范围	-20~80℃
重复性	0.1%FS	安全过载	150%
蠕变(30min)	0.1%FS	极限过载	200%
温度灵敏度漂移	0.05%FS/10℃	线缆极限拉力	100N
零点温度漂移	0.05%FS/10℃	电缆线规格	φ5mm×2m
响应频率	10kHz	TEDS	可选

6. FZJ25磁粉制动器

FZJ25磁粉制动器（附图12）是根据电磁原理和利用磁粉来传递转矩的，它具有励磁电流和传递转矩基本成线性关系的特性，在与滑差无关的情况下能够传递一定的转矩，响应速度快、结构简单，是一种多用途、性能优越的自动控制元件，被广泛用于各种机械中不同目的的制动、加载以及卷绕系统中放卷张力控制等。

（1）工作原理　FZJ25磁粉制动器的励磁电流与转矩基本成线性关系，通过调节励磁电流可以控制力矩的大小，其特性图如附图13a所示。制动力矩与转速无关，保持定值。静力矩

附图12　FZJ25磁粉制动器

和动力矩没有差别，其特性图如附图13b所示。

在散热条件一定时，磁粉制动器的滑差效率是定值。因此滑差功率确定后，力矩与转速允许相互补偿。例如，转速高，则允许力矩减小，其负载特性图如附图14所示。但最高转速一般不高于额定状态下允许转速的2倍。

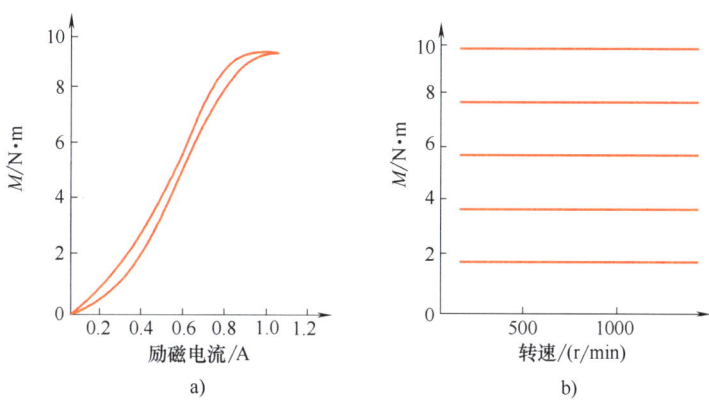

附图13 磁粉制动器的特性图

磁粉制动器用直流电作为励磁电源，由LYD-Ⅲ型张力控制仪（附图15）调整制动力大小。

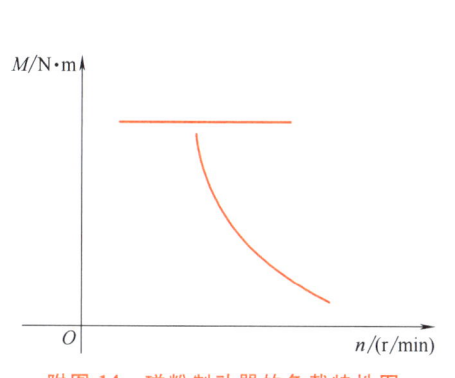

附图14 磁粉制动器的负载特性图

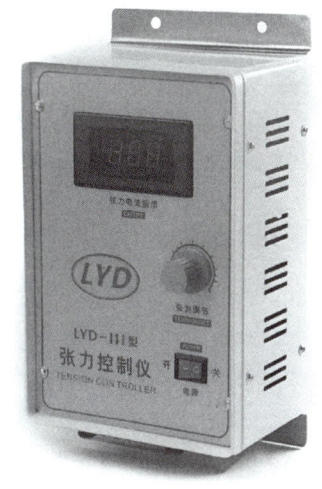

附图15 LYD-Ⅲ型张力控制仪

（2）产品特点

1）高精度转矩控制：转矩控制范围广且精度高，传递转矩与励磁电流呈良好线性关系，可实现高精度控制。

2）优越的耐久性：采用耐热、耐磨耗、耐氧化、耐蚀性超强的超合金磁粉，使用寿命长。

3）稳定性超群的定转矩特性：磁粉的磁性特性好，粉粒间结合力安定，滑动转矩稳定，与相对回转数无关，能持久保持恒定转矩。

4)连续滑动运转:散热效果优良,采用热变形均一的冷却构造,加上磁粉的高耐热性,允许连接大的制动功率及滑动功率,能够圆滑地滑动运转,不会引起振动。

5)连接圆滑无冲击:连接时冲击极小,能够无冲击地圆滑起动、停止,且阻力转矩极小,不会引起无用的发热量。

6)适合高频运转:应答敏捷快速,具备特别的散热构造,适合高频度运转使用。

7)轻量、免保养:形式简洁轻量化,使用耐高温之线圈及特殊油脂轴承,并针对易生磨耗的电枢施以耐磨特殊处理,延长其使用寿命。

(3)应用领域

1)张力控制:广泛应用于造纸、印刷、塑料、橡胶、纺织、印染、电线电缆等有关卷曲加工行业中的放卷和收卷张力控制系统,如口罩机中熔喷布的收料控制。

2)传动机械的测功加载和制动:可作为测功机的关键部件,通过调节磁粉的磁场来实现负载的调节和控制,进行恒转矩或恒功率测试,确保测试的准确性和稳定性。

3)起动、制动控制:用于大型传输设备、行走起重机械、大型鼓风机等各种工业机械的点动与操作,可充分利用电动机的最大转矩,实现平稳起动,还可通过调节励磁电流控制起/制动时间或改变起/制动过程曲线。

(4)技术参数 见附表6。

附表6 FZJ25 磁粉制动器主要技术参数

项目	参数	项目	参数
额定转矩	25N·m	工作温度范围	-20~80℃
励磁电流	0~1A	绝缘电阻	≥5000MΩ(DC100V)
电压	24V	质量	4.5kg
转速范围	15~1400r/min		

参 考 文 献

［1］ 任秀华，张超，张涵，等. 机械设计创新实践［M］. 北京：机械工业出版社，2013.
［2］ 张继忠，赵彦峻，徐楠，等. 机械设计：3D 版［M］. 北京：机械工业出版社，2017.
［3］ 赵继俊，姜雪，马广英，等. 机械设计课程设计指导书：3D 版［M］. 北京：机械工业出版社，2023.
［4］ 巩云鹏，田万禄，张伟华，等. 机械设计课程设计［M］. 北京：科学出版社，2008.
［5］ 孙志礼，闫玉涛，田万禄. 机械设计［M］. 2 版. 北京：科学出版社，2015.
［6］ 濮良贵，陈国定，吴立言，等. 机械设计［M］. 11 版. 北京：高等教育出版社，2024.
［7］ 朱东华，姜雪，李乃根，等. 机械设计基础［M］. 4 版. 北京：机械工业出版社，2024.
［8］ 李育锡，董海军. 机械设计课程设计［M］. 3 版. 北京：高等教育出版社，2020.
［9］ 周淑霞，隋荣娟，李曰阳. 机械原理及机械设计实验［M］. 北京：机械工业出版社，2021.
［10］ 任秀华，张超，秦广久. 机械设计基础课程设计［M］. 3 版. 北京：机械工业出版社，2021.

实验报告一 （常用机械零件认知实验）

班级：_____ 姓名：_____
学号：_____ 成绩：_____

一、实验目的

二、思考问答题

1. 螺纹连接

1) 螺纹连接与焊接、铆接、胶接相比有什么区别？
2) 为什么三角形螺纹主要用于连接？
3) 为什么梯形、矩形、锯齿形螺纹主要用于传递运动和动力？
4) 梯形、矩形、锯齿形螺纹各有什么特点？
5) 圆弧形螺纹与三角形螺纹相比适用场合有何不同？
6) 螺纹按旋向分几种？常用的是哪种？
7) 单线和双线（多线）螺纹在自锁上和传动效率上有什么区别？
8) 粗牙、细牙螺纹哪种自锁性好？为什么？哪种强度高？为什么？
9) 普通螺栓连接和铰制孔螺栓连接在结构上有何区别？用途上有何区别？
10) 螺栓连接和螺钉连接在结构上有何区别？
11) 普通螺栓连接和螺钉连接哪种适宜经常拆卸的场合？
12) 被连接件不能制成通孔时用什么连接方式为好？
13) 螺钉连接和双头螺柱连接的适用场合有何不同？
14) 紧定螺钉的作用是什么？
15) 常见的螺纹连接紧固件有哪几类？试各举两例。
16) 螺栓的头部形状很多，最常见的有哪几种？
17) 为什么螺钉头部有内六角、十字槽头等多种形式？
18) 六角螺母中薄螺母和厚螺母各用于何种场合？
19) 锁紧螺母的螺纹为什么常用细牙螺纹？
20) 悬置螺母起什么作用？
21) 垫圈有什么作用？平垫、弹簧垫各用于何种场合？
22) 一般来说连接用的三角螺纹都具有自锁性，为什么还要对螺纹连接进行防松？

23）螺纹连接的防松方法有哪几种？
24）摩擦防松有什么优点？用于什么场合？
25）重要连接中应采用何种防松方法？
26）机械防松有什么优点？用于什么场合？

2. 键、花键及销连接

1）键有何作用？
2）键连接可分为哪几种？
3）普通平键的工作面是哪个面？圆头、方头普通平键的键槽有何不同？
4）单圆头普通平键常用于哪种场合？
5）滑键和导向平键的使用场合有什么不同？
6）半圆键应用于何种场合？它有什么特点？
7）钩头键的钩头有什么作用？在安装时有什么要求？
8）各种键连接中哪种轴与毂的定心精度高，哪种定心精度低？为什么？
9）各种键连接中哪种传递转矩大？为什么？
10）哪种键连接能承受轴向力？为什么？
11）销的作用是什么？
12）圆柱销和圆锥销各用于什么场合？
13）试说出几种特殊形式销的特点。
14）花键连接适用于何种场合？
15）花键按照齿形可以分为哪几种？
16）花键是否可以用于静连接？
17）渐开线花键与矩形花键哪种定心精度高？为什么？
18）三角形花键适用于什么场合？

3. 带传动

1）按横截面形状不同，摩擦型传动带可以分为哪几种？
2）平带和V带的工作面有什么不同？摩擦力分析有何不同？
3）多楔带兼有平带和V带的什么优点？适用于什么场合？
4）与V带相比，同步齿形带有什么特点？适用于何种场合？
5）与宽V带相比，窄V带常用于传递动力大而且又要求传动装置紧凑的场合，为什么？
6）与齿轮传动相比，带传动有什么优缺点？
7）V带由哪几部分组成？各部分起什么作用？
8）普通V带的型号有哪几种？
9）带轮的结构有哪几种？如何选择带轮的结构？
10）带传动的主要传动形式有哪几种？各用于什么场合？
11）交叉传动和垂直传动适用于何种类型的带？
12）为什么在带工作一段时间后需将带重新张紧？
13）带传动中常用的张紧方法有哪些？各用于什么场合？
14）若中心距不能调整时，可采用什么方式保持带的张紧？

15）对平带传动而言，张紧轮一般放在什么位置？为什么？

16）对 V 带传动而言，张紧轮一般放在什么位置？为什么？

17）带传动有哪几种失效形式？

4. 链传动

1）按照工作性质的不同，链可以分为哪几种？各用于什么场合？一般在机械中最常用的是什么链？

2）与带传动、齿轮传动相比，链传动有什么优缺点？

3）滚子链链条由哪些零件组成？哪些部位是间隙配合？哪些部位是过盈配合？

4）传动中链轮轮齿与链条滚子之间的运动属于什么性质的运动？

5）滚子链的内、外链板为什么均制成"8"字形？

6）滚子链接头形式有哪几种？如何选择链接头形式？

7）为什么链节数最好取偶数？

8）与滚子链相比，齿形链有什么优缺点？

9）最常用链轮的端面齿形是什么？

10）链轮的结构有哪几种？如何选择链轮的结构？

11）链传动张紧的目的是什么？张紧方法有哪些？

12）为什么要对链传动进行润滑？

13）链传动的润滑方式有哪几种？

14）链传动布置时有何要求？

15）链传动的主要失效形式有哪些？

5. 齿轮传动和蜗杆传动

1）齿轮机构按照两轴的相对位置可分为哪几类？

2）齿轮传动按照工作条件可分为哪几种？

3）重要的齿轮传动应采用何种传动方式？

4）为什么开式齿轮传动只用于低速场合？

5）轮齿的失效形式有哪几种？哪种与齿根弯曲强度有关？哪种与齿面接触强度有关？

6）软齿面的闭式齿轮传动中最容易发生的失效形式是什么？

7）开式齿轮传动中最容易发生何种失效形式？

8）直齿圆柱齿轮上的力可以分为哪几个？各力方向如何判断？

9）斜齿圆柱齿轮上的力可以分为哪几个？各力方向如何判断？

10）斜齿轮螺旋角的取值有什么要求？

11）锥齿轮副中一个齿轮上的径向力和轴向力在数值上与另一个齿轮上的轴向力和径向力有什么关系？

12）齿轮有哪几种结构形式？

13）什么情况下可将齿轮和轴制成一体？设计中齿轮的形式根据什么条件来选择？

14）如何选择闭式齿轮传动的润滑方式？

15）蜗杆传动有什么优缺点？蜗杆传动用于何种场合？

16）按形状的不同，蜗杆可分为哪几种？常用的是哪一种？

17）按旋向的不同，蜗杆可以分为哪几种？常用的是哪一种？

18）蜗杆传动中为什么要进行热平衡计算？
19）蜗杆传动的润滑方式有哪几种？
20）蜗杆传动中为什么一般将蜗杆布置在下方？
21）为什么蜗轮轮齿材料常用有色金属？
22）蜗杆传动的主要失效形式有哪几种？

6. 滑动轴承

1）与滚动轴承相比，滑动轴承有什么优点？适用于什么场合？
2）滑动轴承按照承受载荷的方向可分为哪几种？
3）按润滑表面状态不同，滑动轴承可分为哪几种？
4）滑动轴承轴瓦的材料应具备哪些性能要求？
5）为什么要对滑动轴承进行润滑？滑动轴承中如何选择润滑油？
6）何种场合下使用润滑脂润滑？
7）滑动轴承中轴套上油沟的开法有什么要求？
8）滑动轴承中的给油方法有哪几种，试各举一例。

7. 滚动轴承

1）滚动轴承由哪几部分组成？
2）根据不同轴承结构的要求，滚动体有哪几种形式？
3）为什么说滚动体是滚动轴承中的核心元件？
4）按照承受载荷的方向或公称接触角的不同，滚动轴承可分为哪两大类？它们承受载荷的方向如何？
5）国家标准规定滚动轴承的代号由几部分组成？其中核心部分是什么？
6）滚动轴承的基本代号包括哪几部分？
7）60000，30000，N0000，70000轴承各应用于什么场合？
8）滚动轴承的组合结构设计需解决哪些问题？
9）滚动轴承的固定方式有哪几种？各适用于何种场合？
10）对滚动轴承进行润滑和密封的目的是什么？
11）滚动轴承的润滑剂有哪几种？为什么一般情况下滚动轴承常采用润滑脂润滑？
12）如何选择滚动轴承的润滑方式？
13）滚动轴承中密封方式的选择与哪些因素有关？
14）密封方法有哪几类？试各举一例并说明其使用场合。
15）接触式密封和非接触式密封各用于什么场合？

8. 联轴器和离合器

1）联轴器与离合器各分为哪几种类型？
2）联轴器和离合器的作用是什么？二者使用条件有什么不同？
3）实际应用中如何选择合适的联轴器？
4）弹性联轴器中弹性元件有什么作用？常用的弹性联轴器有哪几种？
5）离合器按离合方法不同可分哪几类？按操纵方式的不同可分哪几类？

9. 轴

1）按轴线的形状进行分类，轴可分为哪几类？

2）按承受的载荷性质进行分类，轴可分为哪几类？试各举一例。
3）进行轴的结构设计时应考虑哪些因素？
4）可采取哪些措施改善轴的受力状况？
5）可采取哪些措施减少轴的应力集中？
6）为什么常将轴设计成阶梯形？阶梯轴上有哪些结构？
7）轴上零件的轴向固定方式有哪些？
8）当采用套筒、螺母、轴端挡圈做轴向固定时应注意什么？为什么？
9）轴上零件的周向固定方式有哪些？
10）同一根轴不同轴段上的键槽设计有什么要求？为什么？
11）轴的主要失效形式有哪几种？

10. 弹簧

1）弹簧的主要类型和功用是什么？
2）螺旋弹簧是应用最广泛的一种弹簧，按受载情况可分为哪几种？
3）通过观察各种弹簧，总结弹簧材料应具有的性能。
4）试举例说明弹簧的应用场合。

三、实验心得、建议和探索

实验报告二 （受轴向载荷的单个螺栓连接实验）

班级：_____ 姓名：_____
学号：_____ 成绩：_____

一、实验目的

二、实验设备

设备名称：_____
螺栓参数：螺栓规格：_____ 螺栓长度：_____
标定系数 $\mu_{标}$：螺栓（拉）：_____ 螺栓（扭）：_____
　　　　　　八角环（压）：_____ 挺杆（压）：_____

三、实验数据

1. 螺栓加载前（只施加预紧力）数据

（1）应变

项目	测点			
	螺栓(拉)	螺栓(扭)	八角环(压)	挺杆(压)
应变值 $\mu\varepsilon$				
力/N				

（2）千分表

项目	测点	
	螺栓(拉)	八角环(压)
千分表读数 δ	δ_1	δ_2

2. 螺栓加载后（用扭力扳手施加载荷后）数据

（1）应变

项目	测点			
	螺栓(拉)	螺栓(扭)	八角环(压)	挺杆(压)
应变值 $\mu\varepsilon$				
力/N				

实验报告二 （受轴向载荷的单个螺栓连接实验）

（2）千分表

项目	测点	
	螺栓（拉）	八角环（压）
千分表读数 δ	δ_1	δ_2

四、计算螺栓相对刚度

五、绘制螺栓连接受力-变形图。

六、思考问答题

1）在拧紧螺母时，要克服哪些阻力矩？此时螺栓和被连接件各受怎样的载荷？

2）拧紧后又加工作载荷的螺栓连接中，螺栓所受总拉力是否等于预紧力加工作载荷？应该怎样确定？

3）从实验中可以总结出，提高螺栓连接强度的措施有哪些？

4）改变连接件与被连接件的刚度对其受力与变形有何影响？有哪些措施可以提高螺栓连接的承载能力？

七、实验心得、建议和探索

实验报告三 （典型滑动轴承轴系结构设计及特性分析实验）

班级：＿＿＿＿＿＿＿＿＿＿＿＿　　姓名：＿＿＿＿＿＿＿＿＿＿＿＿
学号：＿＿＿＿＿＿＿＿＿＿＿＿　　成绩：＿＿＿＿＿＿＿＿＿＿＿＿

一、实验目的

二、实验设备及主要参数

1）实验台名称及型号：＿＿＿＿＿＿＿＿＿＿＿＿＿＿＿＿
2）轴承材料：＿＿＿＿＿＿＿＿
3）轴承内径：$d =$ ＿＿＿＿＿＿ mm
4）轴承有效长度：$L =$ ＿＿＿＿＿＿ mm
5）测力杆力臂距离：$L_1 =$ ＿＿＿＿＿＿ mm

三、实验结果

1. 油膜压力分布测试

记录不同条件下（不同转速和负载组合）油膜压力分布测试数据，并绘制油膜压力周向及轴向分布图。

转速和负载取值及组合：

组合	负载 $F_1 =$　　　　N	负载 $F_2 =$　　　　N
转速 $V_1 =$　　　r/min	$V_1 \cdot F_1$	$V_1 \cdot F_2$
转速 $V_2 =$　　　r/min	$V_2 \cdot F_1$	$V_2 \cdot F_2$

（1）条件 1
转速：（V_1）　　负载：（F_1）

位置	1	2	3	4	5	6	7	8
实测								

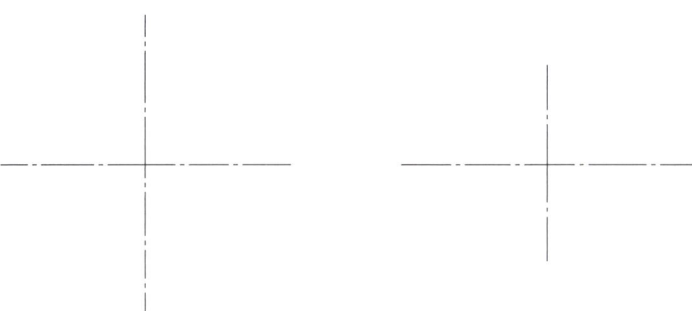

（2）条件2

转速：（V_1）　　负载：（F_2）

位置	1	2	3	4	5	6	7	8
仿真								

（3）条件3

转速：（V_2）　　负载：（F_1）

位置	1	2	3	4	5	6	7	8
仿真								

(4) 条件 4

转速：（V_2）　　负载：（F_2）

位置	1	2	3	4	5	6	7	8
仿真								

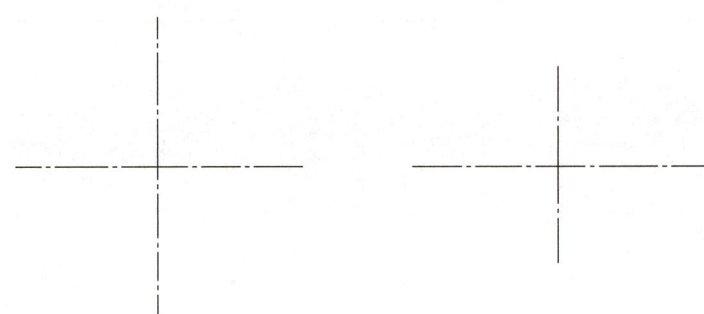

2. 轴承摩擦特性实验

实验数据

次数		1	2	3	4	5	6	7	8	9	10
实测	n										
	λ										
	f										
	F										
	T										

四、绘制实测 f-λ 曲线

五、思考问答题

1）分析影响油膜压力的因素。当转速增大或载荷增大时，油膜压力分布如何变化？

2）f-λ 曲线说明了什么问题？当轴承参数改变时曲线有何变化？

六、实验心得、建议和探索

实验报告四 （输送机传动及减速器设计分析实验）

班级：_____　　姓名：_____
学号：_____　　成绩：_____

一、实验目的

二、实验设备

三、实验结果

1) 将测得的减速器箱体尺寸数据记录到下表中。

序号	名称	符号	尺寸/mm
1	地脚螺栓孔直径	d_f	
2	轴承旁连接螺栓直径	d_1	
3	凸缘上连接螺栓直径	d_2	
4	轴承端盖上螺钉直径	d_3	
5	观察孔盖板上螺钉直径	d_4	
6	箱座壁厚	δ	
7	箱盖壁厚	δ_1	
8	箱座凸缘厚度	b	
9	箱盖凸缘厚度	b_1	
10	箱座底部凸缘厚度	b_2	
11	轴承旁凸台高度	h	
12	箱体外壁至轴承座端面距离	l_1	

实验报告四 （输送机传动及减速器设计分析实验）

（续）

序号	名称	符号	尺寸/mm
13	大齿轮顶圆到箱体内壁距离	$\Delta 1$	
14	轴承端面到箱体内壁距离	l_2	
15	箱盖（若有）肋板厚度	m_1	
16	箱座肋板厚度	m	
17	箱体外旋转零件至轴承盖外端面（或螺钉头顶面）的距离	l_4	

2）将测得的减速器齿轮及轴数据记录到下表中。

齿轮		小齿轮			大齿轮		
齿数	高速级	$z_1 =$			$z_2 =$		
	低速级	$z_3 =$			$z_4 =$		
传动比 $i = i_1 i_2$		高速级 i_1		低速级 i_2		总传动比 i	
模数（m/m_n）/mm		高速级			低速级		
齿宽 b 及齿宽系数 ψ_d/mm		高速级			低速级		
		小齿轮 $b_1 =$	大齿轮 $b_2 =$	$\psi_d =$	小齿轮 $b_1 =$	大齿轮 $b_2 =$	$\psi_d =$
轴		第一根轴		第二根轴		第三根轴	
轴承	型号						
	安装方式						

3）阐述以下部件的功能。

名称	功能
通气器	
起盖螺钉	
油标尺	
放油螺塞	
定位销	
起吊装置	

四、画出你所拆装的减速器传动示意图

五、画出轴系部件的结构草图（任意一根轴）

六、思考问答题

1）你所拆卸的减速器中，箱体的剖分面上有无油沟？轴承用何种方式润滑？如何防止箱体的润滑油混入轴承中？

2）扳手空间如何考虑？箱盖与箱座的连接螺栓处及地脚螺栓处的凸缘宽度主要由什么因素决定？

七、实验心得、建议和探索

基于实验中获得的数据和对运行情况的观察分析，带式输送机现有设计和运行中是否有不足之处，如有请做进一步的优化设计、设备性能改进。

实验报告五 （带传动的滑动和效率测定实验）

班级：_____ 姓名：_____
学号：_____ 成绩：_____

一、实验目的

二、实验设备及参数

1） 设备名称：_____
2） 带轮（链轮）直径：$D_1 =$ _____ mm；$D_2 =$ _____ mm

三、绘制传动方案简图

实验报告五　（带传动的滑动和效率测定实验）

四、实验结果

序号	负载值(%)	n_1/(r/min)	n_2/(r/min)	Q_1/N	Q_2/N	T_1/N·mm	T_2/N·mm	E(%)	H(%)	F/N
空载										
加载1										
加载2										
加载3										
加载4										
加载5										
加载6										
加载7										
加载8										
加载9										
加载10										
加载11										
加载12										

五、绘制滑动曲线和效率曲线

六、思考问答题

1）在实验中，你怎样观察弹性滑动和打滑这两种现象？如何判断和区分它们？

2）综合分析 $\varepsilon\text{-}F$ 滑动曲线和 $\eta\text{-}F$ 效率曲线，说明打滑、弹性滑动与效率的关系。

3）除初拉力外，你认为利用本实验装置还可探求哪些影响带的传动能力的因素。

七、实验心得、建议和探索

实验报告六 （轴系结构创意设计及分析实验）

班级：_____ 姓名：_____
学号：_____ 成绩：_____

一、实验目的

二、实验设备

三、实验结果

对你所组装的轴系结构进行分析（简要说明轴上零件如何装拆、定位与固定，滚动轴承的装拆、调整、润滑与密封等问题）。

装配方案：

定位和固定：

装拆和调整：

加工和装配工艺性：

润滑和密封：

四、绘制轴系结构设计装配图（画一半）

轴系结构名称或代号：_____ 比例尺：_____

_____

五、思考问答题

1）你所设计的轴系结构中，轴承在轴上的轴向位置是如何固定的？轴系中是否采用了轴肩、挡圈、螺母、紧定螺钉、定位套筒等零件？它们起何作用？结构形状有何特点？

2）你所设计的轴系结构中，选用的轴承类型是什么？它们的布置和安装方式有何特点？

3）轴上的两个键槽或多个键槽为什么常常设计成同在一条直线上？

六、实验心得、建议和探索

实验报告七 （机械传动综合创新设计及性能分析）

班级：_____ 姓名：_____
学号：_____ 成绩：_____

一、实验目的

二、实验设备及参数

1）设备名称：_____
2）主要参数：

三、绘制传动方案简图

设计题目或方案：_____

四、实验测试数据

五、测试结果及绘制传动效率曲线

1）绘制一种机械系统的传动效率曲线。

2）比较各种机械系统的传动效率曲线。

六、思考问答题

1）通过实验，讨论啮合传动与摩擦传动的主要特性。

2）实验台组装时各模块间是如何连接的？它们的相对几何位置是如何调整的？

3）本实验系统采用了哪些类型的机械传动？其性能如何？加载方式有什么特点？

4）实验中使用了哪些传感器？

5）除实验中所组装的传动形式外，还有哪些组合传动布置形式可以利用该实验台进行实验？

七、实验心得、建议和探索